Nabil Azalmad

Étude parasismique

Nabil Azalmad

Étude parasismique

Bâtiment R+6 avec 2 sous sols en deux variantes :
Béton armé et charpente métallique (Calcul statique
et dynamique)

Éditions universitaires européennes

Impressum / Mentions légales
Bibliografische Information der Deutschen Nationalbibliothek: Die Deutsche Nationalbibliothek verzeichnet diese Publikation in der Deutschen Nationalbibliografie; detaillierte bibliografische Daten sind im Internet über http://dnb.d-nb.de abrufbar.
Alle in diesem Buch genannten Marken und Produktnamen unterliegen warenzeichen-, marken- oder patentrechtlichem Schutz bzw. sind Warenzeichen oder eingetragene Warenzeichen der jeweiligen Inhaber. Die Wiedergabe von Marken, Produktnamen, Gebrauchsnamen, Handelsnamen, Warenbezeichnungen u.s.w. in diesem Werk berechtigt auch ohne besondere Kennzeichnung nicht zu der Annahme, dass solche Namen im Sinne der Warenzeichen- und Markenschutzgesetzgebung als frei zu betrachten wären und daher von jedermann benutzt werden dürften.

Information bibliographique publiée par la Deutsche Nationalbibliothek: La Deutsche Nationalbibliothek inscrit cette publication à la Deutsche Nationalbibliografie; des données bibliographiques détaillées sont disponibles sur internet à l'adresse http://dnb.d-nb.de.
Toutes marques et noms de produits mentionnés dans ce livre demeurent sous la protection des marques, des marques déposées et des brevets, et sont des marques ou des marques déposées de leurs détenteurs respectifs. L'utilisation des marques, noms de produits, noms communs, noms commerciaux, descriptions de produits, etc, même sans qu'ils soient mentionnés de façon particulière dans ce livre ne signifie en aucune façon que ces noms peuvent être utilisés sans restriction à l'égard de la législation pour la protection des marques et des marques déposées et pourraient donc être utilisés par quiconque.

Coverbild / Photo de couverture: www.ingimage.com

Verlag / Editeur:
Éditions universitaires européennes
ist ein Imprint der / est une marque déposée de
OmniScriptum GmbH & Co. KG
Heinrich-Böcking-Str. 6-8, 66121 Saarbrücken, Deutschland / Allemagne
Email: info@editions-ue.com

Herstellung: siehe letzte Seite /
Impression: voir la dernière page
ISBN: 978-3-8417-4700-6

DEDICACE

A celle qui a attendu avec patience les fruits de sa bonne éducation.

A ma Mère.

A Celui qui m'a indiqué la bonne voie en me rappelant que la volonté fait toujours les grands hommes.

A mon Père.

A toute la famille AZALMAD.

A tous mes professeurs et camarades de la FSTG Marrakech.

A tous mes amis et tous ceux qui me sont chers.

A tous ceux qui me connaissent de prés ou de loin .....

Je dédie ce modeste travail.

Nabil AZALMAD

REMERCIEMMENT

Je tiens à remercier, en premier lieu, notre DIEU qui a bien voulu me donner la force pour effectuer le présent travail, Gloire et Louange lui soient rendues.

Je tiens à remercier M. Abdellah JOUICHAT, Directeur administratif du bureau d'études ART STRUCTURE, de m'avoir accepté en tant que stagiaire au sein de sa société et de m'encadrer dans ce stage de fin d'études, et qui m'a si gentiment accueilli en stage durant lequel il m'a accordé toute sa confiance. Il a pleinement contribué à mon intégration rapide et efficace.

Je remercie également le personnel de la société ART STRUCTURE pour leur soutien technique et pour l'intérêt qu'ils m'ont porté tout au long de mon stage.

La réussite de ce projet tien aussi à mon encadrant interne; Mr RACHID BOUFERRA, qui n'a ménagé aucun effort pour me permettre de mener à bien ce travail, ainsi que pour tous les conseils qu'il m'a prodigués tout au long de mon PFE. Je le remercie chaleureusement pour sa disponibilité, ses recommandations et ses conseils précieux.

Enfin Je remercie mes enseignants et tout le personnel de la FSTG Marrakech pour avoir veillé à notre bien être au sein de l'établissement durant les trois années qu'on y a passées et pour son dévouement à rendre la FSTG Marrakech parmi les meilleurs établissements nationaux formants des ingénieurs.

RESUME

Ce Projet de Fin d'Etudes a pour but l'étude parasismique d'un bâtiment en béton armé et en charpente d'acier, situés à Casablanca (zone sismique 2).

Le but de l'étude est la modélisation de la structure avec un logiciel de calcul aux éléments finis Robot, afin d'effectuer une analyse modale et un calcul sismique pour chaque variante.

Les résultats extraits du logiciel du calcul ont permis de vérifier la stabilité de la structure, les déformées et de ferrailler les différents éléments constructifs.

Les calculs ont été effectués d'après les règlements parasismiques marocains : les règles RPS2000, BAEL 91 rév. 99 et l'Eurocode3 pour la variante métallique.

Mots-clés
Béton armé - Construction métallique - Modèles aux éléments finis - Analyse modale et sismique - Contreventement – Ferraillage.

ABSTRACT

This project concerned a seismic study of a building of reinforced concrete and structural steel located in Casablanca (in the 2 seismic area).

To carry out the study, a fine elements software Robot had been used to model construction. This type of modelling enables the modal analysis and the seismic calculation.

After the calculation of the structure by the software, results can be extracted. These results were used to check the stability of the structure, to control deformations and to size different construction elements.

These calculations have been carried out according to Moroccan seismic regulations : RPS2000, BAEL 91 rév. 99 and Eurocode3 for the metal variant.

Keywords
Reinforced concrete - Steel construction - Fine elements models - Modal and seismic analysis - Wind bracing - Iron framework.

TABLE DES MATIERES

Remerciement	3
Résumé	4
Table des matières	5
Introduction	6

PARTIE 1 : PRESENTATION DU PROJET

1. Présentation de l'organisme d'accueil	8
2. Présentation du projet	8
3. Hypothèses de calcul	10

PARTIE 2 : VARIANTE BETON ARME

Chapitre 1: Conception du projet

1. Conception et choix des éléments de la structure	13
2. Pré-dimensionnement des éléments de la structure	19

Chapitre 2: Présentation du RSA 2012

1. Généralité sur RSA 2012	22
2. Modèle CBS	23
3. Modèle ROBOT	24

Chapitre 3 : Etude dynamique et sismique

1. Etudes dynamiques	26
2. Etudes sismique	27
3. Analyse modale	29
4. Résultats de l'analyse modale avec RSA 2012	31

Chapitre 4 : Dimensionnement des éléments de la structure

1. Combinaisons d'actions	38
2. Descente de charges	39
3. Dimensionnement des poteaux	42
4. Dimensionnement des voiles	46
5. Dimensionnement des poutres	47
6. Dimensionnement des dalles	50
7. Dimensionnement des semelles	53

PARTIE 3 : VARIANTE METALLIQUE

Chapitre 1: Conception du projet

1. Généralités	55
2. Choix des éléments de la structure	56

Chapitre 2: Evaluation des charges

1. Introduction	59
2. Evaluation des charges permanentes	59
3. Evaluation des charges d'exploitation	60
4. Evaluation des charges climatiques	60

Chapitre 3: Pré-dimensionnement des éléments de la structure

1. Généralité sur Eurocode3	62
2. Pré-dimensionnement des éléments	63

Chapitre 4: Etude dynamique, sismique et étude du vent

1. Résultats du calcul générer par RSA	69

Chapitre 5 : Dimensionnement et vérification des éléments structuraux

1. Introduction	74
2. Vérification et redimensionnement des éléments avec RSA2012	74
3. Conclusion	80

Chapitre 6 : Etude des assemblages

1. Introduction	83
2. Assemblage rigide pied poteaux	83
3. Assemblage encastré poteau HEA600 avec Poutre HEA560	84
4. Assemblage Poutre HEA550 avec solive IPE330	85

CONCLUSION	87
BIBLIOGRAPHIE	88

INTRODUCTION

Parmi les catastrophes naturelles, les tremblements de terre sont sans doute celles qui ont le plus d'effets destructeurs dans les zones urbanisées. Pouvons-nous prévoir un séisme ? Il semble que nous pouvons l'anticiper de seulement quelques heures, en effet les phénomènes sismiques ne sont pas parfaitement connus. Toutefois, à chaque séisme nous observons un regain d'intérêt pour la construction parasismique.

Au Maroc, les deux tremblements de terre de 1960 à Agadir et 2004 à El Hoceima, ont certainement contribué à la prise en compte de ces phénomènes dans la construction. De plus, sur le plan international, l'impressionnant séisme de Kobé au Japon le 17 janvier 1995 nous amène à nous tourner une fois de plus vers la construction parasismique.

Lors de toute catastrophe naturelle, on se doit de protéger avant tous les hommes qui, près des lieux du désastre, courent un danger. Cela implique à la fois une connaissance scientifique du phénomène ainsi que la maîtrise des moyens techniques pour y faire face, et une considération totale du problème : les risques du séisme dépendent de l'activité tectonique, ainsi que de la nature du sol, caractéristiques régionales mises en relation avec les informations provenant du reste du monde, ce qui nécessite une bonne organisation à l'échelle planétaire.

Dans le cœur de tous les scientifiques étudiant ce problème, l'objectif principal est la protection des personnes et des biens. Ainsi, pour assurer cette protection, il existe plusieurs méthodes : d'une part la prévision et la prédiction des séismes, mettant en œuvre des méthodes mathématiques diverses, visant à avertir les populations dans les zones à risques, et d'autre part la prévention, qui consiste à concevoir des bâtiments pouvant résister aux secousses telluriques : c'est l'objet de la construction parasismique. Une combinaison des deux méthodes étant bien plus efficace.

PARTIE 1: PRESENTATION DU PROJET

1. Présentation de l'organisme d'accueil

Le bureau d'études ART STRUCTURE fut créé en 2005. Il est actuellement dirigé par Mr. Abdellah JOUICHAT. Il intervient dans toutes les phases d'un projet de BTP à savoir l'étude de conception, l'étude technique et le suivi des travaux.

Le BET est constitué de :

- 1 ingénieur d'études en Génie civil.
- 1 technicien spécialisé en génie civil.
- 1 technicien supérieur en génie civil.

2. Présentation du projet

Le projet SALIMA HOLDING HOTEL est un bâtiment composé de 2 sous sols, d'un rez-de-chaussée, d'une mezzanine et de 6 étages destiné à être construit a la ville de Casablanca.

Figure 1: Vue en 3D de SALIMA HOLDING HOTEL.

Le bâtiment est de forme rectangulaire, mesurant environ 49.8m de longueur pour 33.05m de largeur et 28.15m de hauteur hors sous sol. Il comprend au 2ème sous sol des parkings, au 1er sou sol des locaux techniques et des dépôts de cuisine, au RDC des restaurants et aux autres niveaux supérieurs on trouve des chambres et des suites.

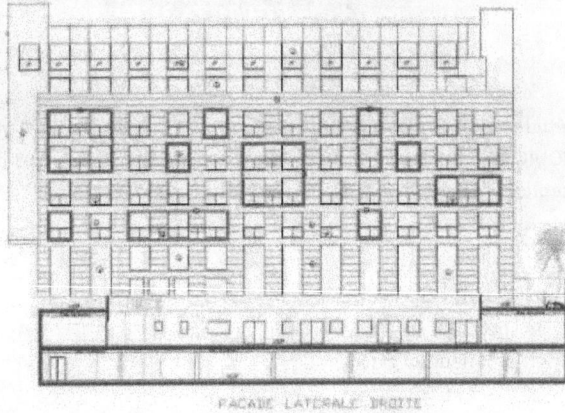

FACADE LATERALE DROITE

Figure 2: Façade latérale de SALIMA HOLDING HOTEL.

Le bâtiment étudié dans ce projet est destiné à être construit à Sidi Maarouf à la ville de Casablanca.

Figure 3: Plan de situation de SALIMA HOLDING HOTEL.

3. Hypothèses de calcul

Il s'agit de l'étude parasismique d'une structure en deux variantes : béton armé et structure métallique. Commençant par la phase de conception structurale jusqu'au calcul des différents éléments pour les deux variantes.

2.1 Règlements utilisés

- ✓ BAEL 91 : pour les calculs concernant les éléments en béton.
- ✓ Eurocode3 : pour les calculs concernant la structure métallique.
- ✓ NV65 : pour le calcul au vent.
- ✓ RPS2000 : pour les calculs parasismiques.

2.2 Site

2.2.1 Sol
La portance du sol déterminée par les études géotechniques est de 7 bars.

2.2.2 Vent
La zone de Casablanca se situe dans la région 1 (v = 39 m/s).

2.2.3 Séisme
Le règlement RPS 2000 permet de définir les caractéristiques sismiques relatives au projet comme suit :

a. Facteur d'accélération (A)
D'après la carte du zonage sismique, notre projet se trouvant à Casablanca, nous sommes dans la zone II : A= 0,08g (Probabilité 10% en 50 ans).

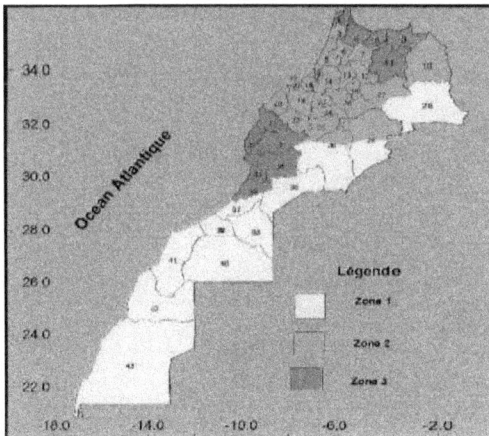

Figure 4: Carte de zonage sismique du Maroc (RPS 2000).

b. Coefficient de priorité (I)

Notre structure sera un hôtel, donc elle est de classe II, d'où I=1.00.

c. Coefficient de site (S)

Conformément au rapport géotechnique de LPEE le site du courant projet est classé comme étant du type S2, d'où S=1,2.

d. Coefficient d'amortissement (ξ)

Dans la première variante, la structure étant en béton armé, ξ = 5%.

Dans la seconde variante en charpente métallique ξ = 3%.

e. Facteur de comportement (k)

Notre structure sera prise comme peu ductile (ND1). Dans les 2 variantes, le contreventement sera assuré par voiles et noyaux, d'où k = 1.4.

2.3 Matériaux utilisé

2.3.1 Variante Béton armé

Les Caractéristiques des matériaux utilisés pour la structure en béton armé peuvent être regroupées comme suit :

- ✓ Résistance caractéristique du béton : f_{c28}=25 MPa.
- ✓ Limite élastique des aciers : f_e=500 MPa.
- ✓ Contrainte de calcul du béton à l'ELU: σ_{bc}=14.17MPa.
- ✓ Contrainte de calcul de l'acier a l'ELU: σ_{su}=434.78MPa.
- ✓ Fissuration préjudiciable.
- ✓ Enrobage des aciers 5 cm pour les fondations et 3cm pour les autres éléments.

2.3.2 Variante structure métallique

- ✓ Aciers de construction laminés à chaud de nuance E36.
- ✓ Béton dosé à 350 Kg/m³ avec : f_{c28}=25 MPa.
- ✓ Barres d'acier HA de nuance Fe500.
- ✓ Fissuration préjudiciable.
- ✓ Enrobage des aciers 5 cm pour les fondations et 3cm pour les autres éléments.

PARTIE 2 : VARIANTE BETON ARME

Chapitre 1: Conception du projet

1. Conception et choix des éléments de la structure

1.1 Conception du projet vis-à-vis les contraintes architecturales

L'art de la conception du projet est de trouver des solutions techniques, tout en répondant aux exigences de stabilité et de résistance, et aux contraintes architecturales de sécurité et d'esthétique.

La conception a été ainsi réalisée en collaboration avec l'architecte, les conditions architecturales prises en considération se résument à:

- ✓ Eviter d'avoir des poteaux qui débouchent au hasard dans la circulation des voitures au niveau du sous sol et dans les salles et les restaurants.
- ✓ Eviter d'avoir de grande retombée de poutre ou de sorti de poteau dans les coins du bâtiment.

1.2 Principes de conception parasismique des bâtiments

La conception et le choix des détails constructifs de la structure porteuse (parois, poutres, dalles..) et des éléments non-porteurs (cloisons intérieures, éléments de façade...) jouent un rôle déterminant dans la tenue des bâtiments (comportement avant la rupture) et leur vulnérabilité face aux séismes (sensibilité à l'endommagement). Il est en outre impératif de concevoir les bâtiments selon les règles parasismiques si l'on entend les doter d'une bonne tenue aux tremblements de terre sans occasionner de surcoûts notables.

Parmi les principes de base de la conception parasismique :

Simplicité

Le comportement d'une structure simple est plus facile à comprendre et à calculer; la simplicité d'ensemble concourt à la simplicité des détails.

Continuité

Toute discontinuité dans le dessin d'une structure conduit à une concentration de contraintes et de déformations. Une structure discontinue est toujours mauvaise, car le mécanisme de ruine qu'elle fait intervenir est local. Or la dissipation d'énergie dans la structure devrait être maximale, ce qui est obtenu en faisant intervenir le maximum d'éléments, de manière à constituer un mécanisme de ruine global et non local.

Régularité en plan

Le mouvement sismique horizontal est un phénomène bidirectionnel. La structure du bâtiment doit être capable de résister à des actions horizontales suivant toutes les directions et les éléments structuraux doivent avoir des caractéristiques de résistance et de rigidité similaires dans les deux directions principales, ce qui se traduit par le choix de formes symétriques.

La symétrie du plan selon deux axes tend à réduire notablement la torsion d'axe vertical des constructions. Notons qu'une conception judicieuse de la structure peut quelquefois corriger les inconvenants d'une dissymétrie géométrique. La démarche consiste à faire coïncider le centre des masses avec le centre des rigidités en positionnant les éléments résistants rigides à des endroits adéquats.

Figure 5 : Formes favorables : plans simples à 2 axes de symétrie.

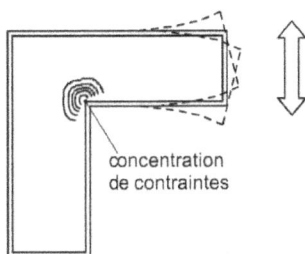

Figure 6 : Forme défavorable : concentration de contraintes dans les angles rentrants.

Si l'on désir conserver une configuration de volume dissymétrique, il est possible de fractionner les bâtiments par des joints dits parasismiques qui désolidarisent mécaniquement les divers blocs de construction.

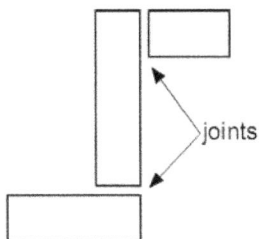

Figure 7 : Fractionnement des bâtiments par des joints sismiques

Régularité en élévation

Dans la vue en élévation, les principes de simplicité et de continuité se traduisent par un aspect régulier de la structure primaire, sans variation brutale de raideur. De telles variations entraînent des sollicitations locales élevées.

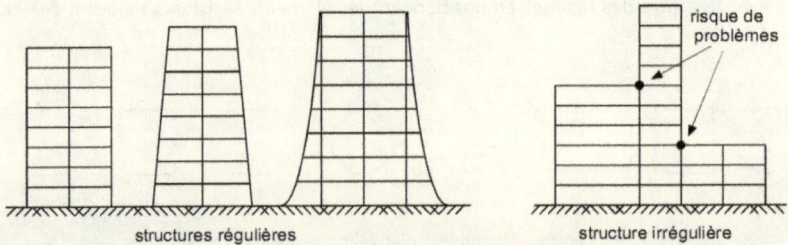

Figure 8 : Régularité en élévation.

Eviter les contreventements décalés

Les contreventements sont décalés lorsque leur position diffère d'un étage à l'autre. Les moments de flexion et les efforts tranchants induits par cette disposition ne peuvent généralement pas être reportés de manière satisfaisante, même en consentant d'importants surcoûts. Les décalages perturbent la transmission des efforts, réduisent la capacité portante et diminuent la ductilité (aptitude à se déformer plastiquement) des contreventements. Ils sont en outre responsables d'importantes sollicitations et déformations affectant d'autres éléments porteurs. En comparaison avec des contreventements continus sur toute la hauteur du bâtiment et construits dans les règles de l'art, les décalages augmentent la vulnérabilité de l'ouvrage et réduisent notablement sa tenue au séisme dans la plupart des cas. C'est pourquoi il faut absolument éviter de décaler les contreventements.

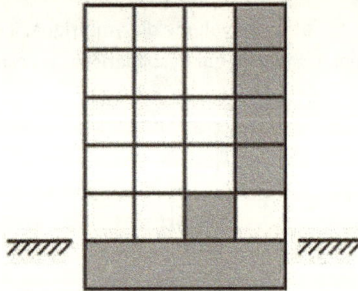

Figure 9 : Contreventement décalé.

Eviter les rez-de-chaussée et les étages flexibles

L'effondrement d'un bâtiment soumis à un tremblement de terre est souvent imputable au fait que si les étages supérieurs sont bien contreventés (parois ou autres), le rez-de-chaussée est ajouré et ne comprend que des colonnes porteuses. Il en résulte un niveau flexible dans le plan horizontal. Il en résulte un comportement instable et l'effondrement du bâtiment est souvent inévitable.

Un étage peut également être plus flexible que les autres s'il est équipé de contreventements moins résistants ou que ces dispositifs font totalement défaut. Il arrive aussi que la résistance ultime dans le plan horizontal soit fortement réduite à partir d'une certaine hauteur dans toute la partie supérieure du bâtiment. Un tel ouvrage est également exposé au redouté mécanisme de colonnes (ou d'étage).

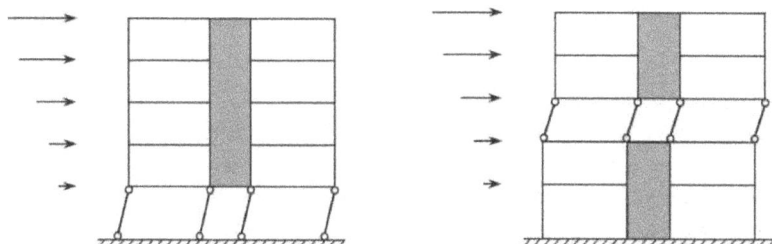

Figure 10 : Rez-de-chaussée flexible (a gauche) - étage flexible (a droite).

Diaphragmes

Les diaphragmes sont des éléments planchers, toitures, etc...., la rigidité du diaphragme dépond principalement du matériau dont il est constitué et de sa forme. Une dalle en béton armé est préférable car elle est nettement plus rigide dans son plan qu'un autre.

Le rôle des diaphragmes est de transmettre les charges horizontales aux éléments verticaux de contreventement. La transmission doit être plus uniforme possible pour ne pas surcharger un élément particulier et l'amener à la rupture. Dans ce but le diaphragme doit être, dans son plan, plus rigide que les éléments verticaux, évidemment, une bonne liaison doit être assurée entre eux.

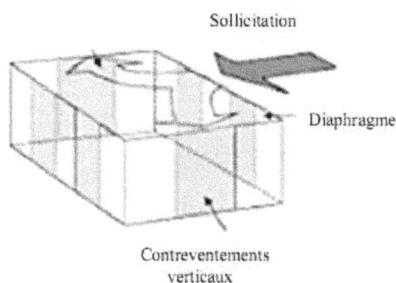

Figure 11 : Distribution de l'effort horizontal du diaphragme aux contreventements verticaux.

Choix des fondations et reconnaissance du sol d'assise

La longévité d'un ouvrage dépend, avant toute autre considération, de la qualité de sa fondation. L'étude des sinistres des ouvrages montre qu'une mauvaise conception ou une malfaçon au niveau de l'exécution de la fondation sont le plus souvent à l'origine des sinistres rencontrés.

Le choix du type de fondation en fonction de la nature du sol, la mise hors gel du sol d'assise des fondations, ainsi que les précautions à prendre lors de la réalisation des fondations sur un sol en pente, sont des éléments déterminant d'une bonne conception parasismique.

1.3 Systèmes de contreventement des structures en bâtiment

En génie civil, un contreventement est un système statique destiné à assurer la stabilité globale d'un ouvrage vis-à-vis des effets horizontaux issus des éventuelles actions sur celui-ci (vent, séisme, choc, freinage, etc.). Il sert également à stabiliser localement certaines parties de l'ouvrage (poutres, colonnes) relativement aux phénomènes d'instabilité (flambage ou déversement).

Contreventement par portiques auto-stables

Les structures en béton armé contreventés par portiques auto-stables sont relativement rependues dans les constructions courantes de bâtiment, vu la simplicité de leurs exécutions ainsi que l'économie sur les matériaux utilisés. Cependant, ce type de structure ne convient pas pour des bâtiments élancés étant donnée leur flexibilité.

Le choix de la forme et le dimensionnement des portiques devraient être faits de sorte que les zones plastifiées (rotules plastique) ne puissent se former qu'entre les appuis des poutres, c'est à dire que la résistance des poteaux et des nœuds soit supérieur a celle des poutres; le cas contraire pourrait avoir pour conséquence l'instabilité de la structure (l'effondrement prématuré de la structure).

Le dimensionnement doit conférer aux poutres une déformabilité suffisante pour que leur rupture potentielle soit due à la flexion et non pas au cisaillement. Les portées moyennes, de 5 à 7m sont donc préférables aux petites portées, il est toute fois souhaitable de ne pas dépasser les 10m de portée.

Pour ce type de structures, les nœuds subissent des efforts élevés et constituent les zones les plus vulnérables d'une ossature, cela explique le souci de la plupart des règlements des constructions parasismiques de conférer aux poteaux une résistance supérieure à celle des poutres.

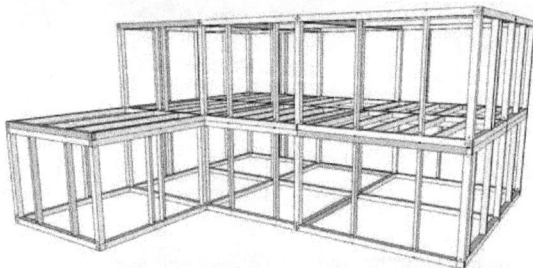

Figure 12 : Contreventement par portique auto-stable.

Contreventement par voiles en Béton Armé

Les bâtiments avec voiles en béton armé ont montrés un excellent comportement sous l'action sismique même lors des séismes majeurs. Ils ne comportent pas de zones aussi vulnérables tel que les nœuds de portiques et la présence de murs de remplissage n'entraîne pas de sollicitations locales graves.

Les dégâts subis par les voiles sont en général peu importants et facilement réparables. La grande rigidité des voiles réduit par ailleurs les déplacements relatifs des planchers et par conséquent, les dommages causés aux éléments non structuraux. Dans les terrains meubles, les bâtiments en voiles imposent au sol des déformations qui permettent de dissiper une quantité importante d'énergie à laquelle l'ossature est donc soustraite. Par ailleurs, même largement fissurés, les voiles peuvent supporter les planchers et réduire le risque d'effondrement. Toutefois, les voiles non armés ou faiblement armés peuvent subir, en cas de séisme violent, des dommages importants.

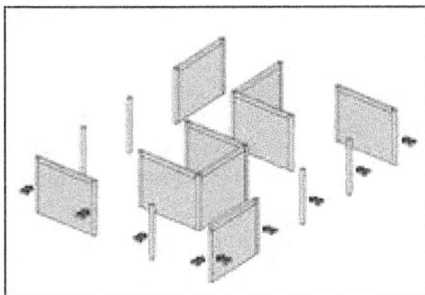

Figure 13 : Contreventement par voiles.

Contreventement par noyau central

Le noyau central est l'élément assurant la rigidité de l'édifice, il parcourt le bâtiment sur toute sa hauteur et contient généralement les ascenseurs ainsi que les cages d'escaliers. Les efforts exercés par le séisme sont retransmis au noyau par l'intermédiaire d'éléments horizontaux positionnés aux différents étages. Les gratte-ciel constitués d'un noyau central peuvent atteindre facilement une hauteur équivalente à une cinquantaine d'étages tout en réduisant l'emprise au sol. Le doublement parfois même le triplement de la structure centrale a ensuite permis d'atteindre des hauteurs d'environ 70 étages. Nous remarquerons que dans l'ouvrage étudié il est question de 2 noyaux centraux symétriquement opposés.

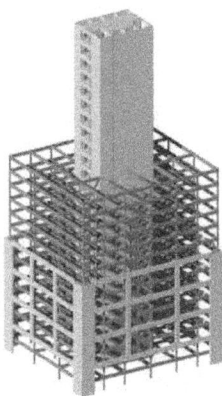

Figure 14 : Contreventement par noyau central.

Contreventement mixte

Dans les projets de bâtiments, on combine souvent entre les systèmes de contreventements précédents, le besoin de locaux de grandes dimensions, le souci d'économie, exclut fréquemment l'emploi de voiles seuls. On peut dans ce cas associer avantageusement des voiles à des portiques. L'interaction des types de contreventements produit par conséquent un effet de raidissage favorable et un intérêt particulier en raison des déformations différentes qui interviennent dans ces éléments.

Les voiles constituent la structure primaire du bâtiment. Les éléments structuraux (poutres, poteaux) peuvent être choisis pour constituer une structure secondaire, ne faisant pas partie du système résistant aux actions sismiques ou alors marginalement. Ainsi, un bâtiment à noyaux de béton peut avoir pour structure primaire ces noyaux et pour structure secondaire toute l'ossature, poutres et poteaux, disposée autour des noyaux. La résistance et la rigidité des éléments secondaires vis-à-vis des actions sismiques doivent être faibles devant la résistance et la rigidité des éléments de la structure primaire. La structure secondaire doit toutefois être conçue pour continuer à reprendre les charges gravitaires lorsque le bâtiment est soumis aux déplacements causés par le séisme.

Toutefois le système n'atteint le maximum de son efficacité que si la répartition des voiles est symétrique et uniforme et si les liaisons entre les voiles et les portiques ont une bonne ductilité.

1.4 Choix du système de plancher

Dans les bâtiments à plusieurs étages, les dalles doivent se comporter comme des voiles pratiquement rigides. Elles seront reliées avec tous les éléments porteurs verticaux de manière apte à transmettre des efforts tranchants, pour garantir un effet de diaphragme et permettent de répartir les forces et les déplacements entre les différents éléments porteurs verticaux, en fonction de leur rigidité. Par exemple, les dalles formées d'éléments préfabriqués sont généralement insuffisantes pour assurer cette fonction de diaphragme à moins que les éléments soient solidarisés par une chape de béton armé coulée sur place suffisamment épaisse et armée.

Dans notre projet nous avons adopté des planchers dalles pleines pour toute la structure.

2. Pré-dimensionnement des éléments de la structure

2.1 Dalle

2.1.1 Dalles pleines

a. Conception et pré-dimensionnement

La conception d'un plancher est l'étape la plus importante dans la démarche de cet élément de structure. En d'autres termes, la conception d'un plancher réside dans la détermination des éléments suivants : Le matériau de construction, le système structural, le type de portée, l'épaisseur, le revêtement... L'analyse rigoureuse du comportement des dalles pleine est très compliquée et relève une multitude de paramètres théoriques, c'est pour cette raison que la plupart des concepteurs font appel aux méthodes standards de conception proposées par les textes normatifs dans le domaine à savoir le BAEL.

En effet, on distingue entre deux types de portance suivant le nombre de directions :

- Dalle portante dans une seule direction : ce cas comporte les dalles rectangulaires reposant sur deux appuis (poutre ou mur) parallèles ou dont le rapport des dimensions α est : $\alpha = L_x/L_y > 0,4$.
- Dalle portante dans deux directions : elle englobe les autres cas non cités précédemment.

L'estimation de l'épaisseur de la dalle pleine se fait par les conditions suivantes :

- La résistance à la flexion

 ✓ 1/30 à 1/35 de la portée pour une dalle reposant sur 2 côtés.
 ✓ 1/40 à 1/50 de la portée de la dalle reposant sur 3 ou 4 côtés.

- L'isolation acoustique

 ✓ $h \geq 16$ cm à 20 cm.

- la sécurité incendie

 ✓ $h \geq 7$ cm pour 1h de coupe-feu.
 ✓ $h \geq 11$ cm pour 2h de coupe-feu.

b. Vérification de la dalle

Après le pré-dimensionnement de chaque dalle il est obligatoirement de vérifier la résistance de la dalle vis-à-vis les charges appliquées sur elle, généralement on modélise la dalle sur un logiciel informatique ou par un calcul RDM pour vérifier la flèche.

2.2 Poutre

2.2.1 Pré-dimensionnement

Les poutres sont rectangulaires de section b x h, avec b la largeur et h la hauteur de la poutre. Selon les règles de pré-dimensionnement des poutres, on doit avoir : $L/16 \leq h \leq L/10$.

2.2.2 Vérification de la poutre

Après le pré-dimensionnement de chaque poutre il est obligatoirement de vérifier la résistance de la poutre vis-à-vis les charges appliquées sur elle, généralement on modélise la poutre sur un logiciel informatique ou par un calcul RDM pour vérifier la flèche.

Il est conseillé de vérifier que la flèche d'une poutre ne dépasse pas : $L/500$ si $L \leq 5m$ et $L/1000 + 0.5cm$ si $L > 5m$.

2.3 Poteaux

Le règlement parasismique marocain impose :
 ✓ La valeur 25cm comme dimension minimale dans chaque direction des poteaux.
 ✓ La partie sortante de la poutre doit être inférieur à la largeur du poteau divisée sur 4.

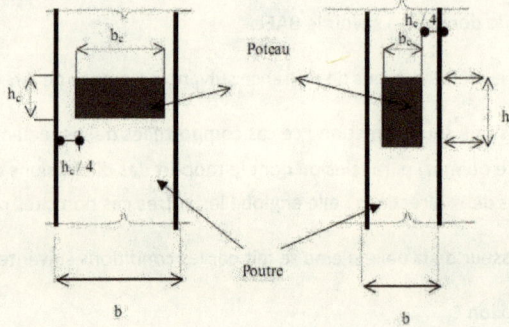

Figure 15: Position poteau-poutre (RPS 2000).

Dans notre projet, Les dimensions des poteaux sont obtenues par la descente des charges.

2.4 Voiles

Les voiles sont des éléments rigides en béton armé coulés sur place. Ils sont destinés d'une part à reprendre une partie des charges verticales et d'autre part à assurer la stabilité de l'ouvrage sous l'effet des chargements horizontaux on parle dans ce cas d'un voile de contreventement.
Selon le RPS2000, l'épaisseur du voile à considérer est fonction de la hauteur nette h_e de l'étage. Soit :

- e_{min} = max (15 cm, he/20) pour un voile non rigidifié à ses deux extrémités.
- e_{min} = max (15 cm, he/22) pour un voile rigidifié à une extrémité.
- e_{min} = max (15 cm, he/25) pour un voile rigidifié à ses deux extrémités.

Dans notre projet, nous avons adopté des voiles d'épaisseur de 25cm et des noyaux de 20cm.

Chapitre 2: Présentation du RSA 2012

1. Généralité sur RSA 2012

RSA 2012 est un logiciel de calcul des structures de génie civil (bâtiments, châteaux d'eau…) et des travaux publics (ponts, tunnels…).

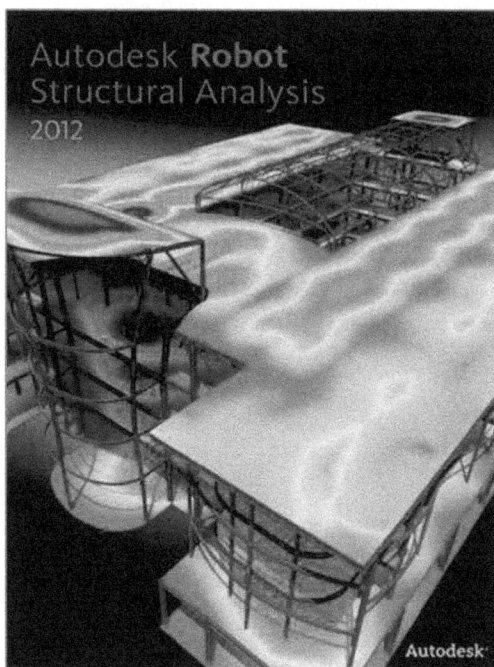

Figure 16: Autodesk Robot Structural Analysis 2012.

- Il offre de nombreuses possibilités d'analyse des effets statiques et dynamiques avec des compléments de conception.
- L'interface graphique disponible facilite, considérablement, la modélisation et l'exploitation des résultats.
- Le logiciel RSA 2012 permet d'effectuer les étapes de modélisation (définition de la géométrie, conditions aux limites, chargement, caractéristiques des matériaux …etc.) de façon entièrement graphique numérique ou combinés, en utilisant les innombrables outils disponibles.
- La modélisation par le logiciel RSA 2012 ne permet de considérer que les éléments structuraux, quant aux éléments secondaires, ils sont modélisés soit par des masses

concentrées aux nœuds, soit par des charges qui s'ajoutent aux poids des éléments structuraux.

- Possibilité d'importer ou exporter à d'autres logiciels tels qu'AUTOCAD … etc.
- La modélisation des éléments travaillant en contraintes planes se fait à travers des voiles et des dalles, si les planchers sont conçus en dalle pleines, aucun problème ne se présente, par contre si les planchers sont en corps creux, il faudrait définir l'épaisseur adéquate et les caractéristiques du matériau qui représente le mieux le corps creux, ou bien apporter aux nœuds des masse qui correspondent à la masse des planchers.
- Conditions aux limites : les structures sont considérées appuyées (encastrement, appuis simples) au niveau du sol de fondation, néanmoins le logiciel RSA 2012 permet d'étudier l'interaction sol-structure en remplacent les appuis rigides par des appuis élastiques (ressorts), qui présentent le même coefficient d'élasticité du sol de fondation calculé par les déférents méthodes de la mécanique des sols.
- Possibilité d'effectuée l'analyse des structures conçues avec n'importe quel matériau.
- Le logiciel RSA 2012 procède dans sa base de données des spectres de réponse définis par le code sismique (RPS 2000, RPA99 …..).
- Le RSA est un logiciel professionnel adapté aux constructions en béton armé, en acier et qui est très performant pour les portiques auto stables.

Les différents types d'analyse disponibles dans RSA sont les suivant :

- Analyse statique.
- Analyse modale.
- Analyse sismique.
- Analyse spectrale.
- Analyse temporelle.
- Analyse pushover.

2. Modèle CBS

Le choix de modélisation sur CBS résulte du faite que c'est un logiciel très adapté à ce genre d'opération. La représentation des éléments est relativement facile ainsi que l'introduction des charges.

Après la phase de conception, on a importé la structure de AUTOCAD vers CBS Pro, ce dernier nous a permis de faire la modélisation de la structure, de définir les caractéristiques géométriques des éléments (dalles, poutres, poteaux …), de saisir les charges qui leur sont appliquées, et de déterminer les propriétés des matériaux de construction (béton et acier).

Le logiciel CBS Pro permet aussi d'effectue la descente de charge et d'estimer les efforts appliqués aux éléments de chaque niveau.

Il est à signaler que le logiciel CBS Pro ne permettant pas le dimensionnement des éléments, ni leur ferraillage, mais il a l'avantage d'être en étroite liaison avec un autre logiciel : ROBOT. Tous les résultats tirés du CBS peuvent être exploitable par ROBOT qui a pour mission principale le dimensionnement des éléments, et la détermination de la quantité et la disposition du ferraillage dans la section.

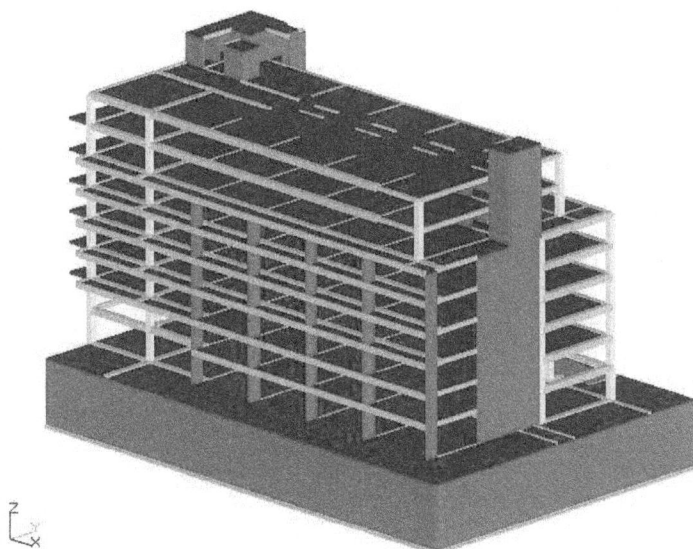

Figure 17 : Modélisation de la structure avec CBS PRO.

3. Modèle ROBOT

Afin de réaliser un calcul en EF de la structure, le modèle est exporté vers ROBOT, les éléments porteurs sont modélisés comme suit :

- Les dalles et les voiles par des éléments de coques.

- Les poteaux par des éléments filaires. Les poteaux sont encastrés à leurs extrémités vu qu'ils participent au contreventement de la structure.

- Les poutres par des éléments encastrés à leurs extrémités pour assurer la transmission du moment sismique aux poteaux.

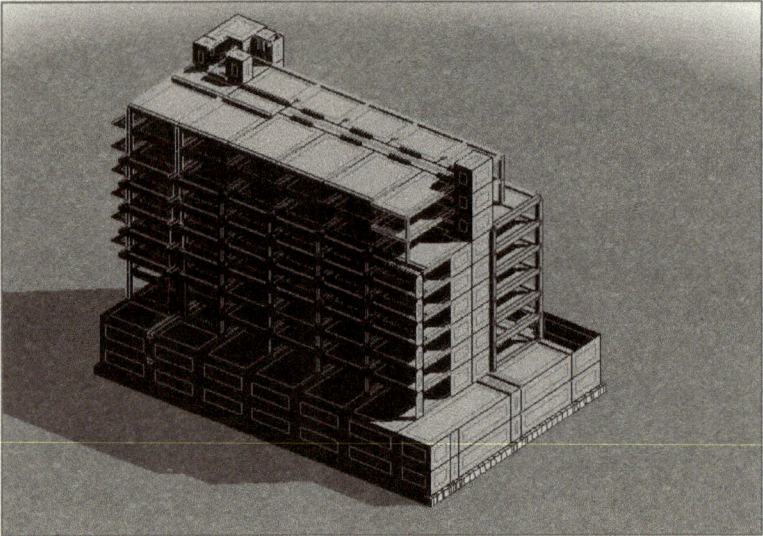

Figure 18 : Modélisation de la structure avec RSA 2012.

Chapitre 3 : Etude dynamique et sismique

1. Etudes dynamiques

1.1 Introduction

L'analyse dynamique d'une structure représente une étape primordiale dans l'étude générale d'un ouvrage en Génie Civil dans une zone sismique (zone II dans notre cas).

La résolution de l'équation du mouvement d'une structure tridimensionnelle en vibrations libres ne peut se faire manuellement à cause du volume de calcul. L'utilisation d'un logiciel préétablie en se basant sur la méthode des éléments finis par exemple « SAP2000, ETABS, RSA, ARCHE... » Avec une modélisation adéquate de la structure, peut aboutir à une meilleure définition des caractéristiques dynamiques propres d'une structure donnée.

Dans cette étude nous allons utiliser le logiciel RSA version 2012 du fait qu'il soit disponible et présente plus de facilité d'exécution et de vérification.

1.2 Modélisation

La modélisation est une étape primordiale et épouvantablement importante dans l'étude d'une structure. En effet, à travers cette opération, on essaie au maximum de construire un modèle approché de la réalité pour simuler le comportement du bâtiment vis-à-vis des charges extérieures.

1.2.1 Choix de la méthodologie de la modélisation

Le modèle par éléments finis s'avère le plus adapté à notre structure parce qu'on a affaire à une structure irrégulière (RPS 2000). De plus, cette approche donne des résultats plus proches de la réalité puisqu'elle permet une bonne évaluation des efforts sismiques et la détection des modes de torsion éventuelles, chose qu'on ne peut pas faire avec le simple modèle.

1.2.2 Etapes de la modélisation

La méthodologie de modélisation adoptée est la suivante :

✓ Pré-dimensionnement des éléments (Planchers, Voiles, Poutres, quelque poteaux....).
✓ Modélisation de la structure sur CBS, saisie des données géométriques et des charges.
✓ Calcul statique (descente de charges) effectué sur CBS PRO.
✓ Pré-dimensionnement effectué sur CBS PRO.
✓ Calcul dynamique effectué sur RSA.
✓ Vérification des dimensions obtenues avec la descente de charge statique sur CBS PRO.
✓ Dimensionnement des éléments effectués sur RSA (avec séisme).

2. Etudes sismique

2.1 Introduction

Toute structure implantée en zone sismique est susceptible de subir durant sa durée de vie une excitation dynamique de nature sismique. De ce fait la détermination de la réponse sismique de la structure est incontournable lors de l'analyse et de la conception parasismique de cette dernière. Ainsi le calcul d'un bâtiment jusqu'à du séisme vise à évaluer les charges susceptibles d'être engendrées dans le système structural lors du séisme. Dans le cadre de notre projet, la détermination de ces efforts est conduite par le logiciel ROBOT 2012 qui utilise une approche dynamique (par opposition à l'approche statique équivalente) basés sur le principe de la superposition modale.

2.2 Règlement parasismique marocain

Le règlement parasismique marocain RPS 2000 définit la méthode de l'évaluation de l'action sismique sur les bâtiments à prendre en compte dans le calcul des structures et décrit les critères de conception et les dispositions techniques à adopter pour permettre à ces bâtiments de résister aux secousses sismiques. Pour simplifier le calcul des charges sismiques et uniformiser les exigences de dimensionnement des structures à travers de grandes régions du pays, le RPS 2000 utilise l'approche des zones. Il s'agit de diviser le pays en trois zones de sismicité homogène et présentant approximativement le même niveau de risque sismique pour une probabilité d'apparition de 10% en 50 ans.

Les objectifs essentiels du «Règlement de Construction Parasismique (RPS 2000)» visent à :

- ✓ Assurer la sécurité du public pendant un tremblement de terre
- ✓ Assurer la protection des biens matériels.

2.3 Approches d'évaluation des efforts sismique

2.3.1 Approche statique équivalente

a. Principe

D'après le RPS 2000, l'approche statique équivalente a comme principe de base de substituer aux efforts dynamiques développés dans une structure par le mouvement sismique du sol, des sollicitations statiques calculées à partir d'un système de forces, dans la direction du séisme, et dont les effets sont censés équivaloir à ceux de l'action sismique.

b. Condition d'application

D'après l'article 6.2.1.2 du RPS 2000, L'approche statique équivalente est requise dans les conditions suivantes :

Régularité en plan

La structure présente une forme en plan simple et une distribution de masse et de rigidité sensiblement symétrique vis-à-vis des deux directions orthogonales.

La somme des dimensions des parties rentrantes ou oscillantes du bâtiment dans une direction donnée ne doit pas excéder 25% de la dimension totale du bâtiment dans cette direction.

L'élancement (grand coté L/petit coté B) ne doit pas dépasser la valeur 3,5.

Régularité en élévation

Le système de contreventement ne doit pas compter d'élément porteur vertical discontinu, dont la charge ne se transmet pas directement à la fondation.

Aussi bien la raideur que la masse des différents niveaux restent constants ou diminuent progressivement, sans changement brusque, de la basse au sommet du bâtiment.

La distribution de la rigidité et de la masse doit être sensiblement régulière le long de la hauteur.

Les variations de la rigidité et de la masse entre deux étages successifs ne doivent pas dépasser respectivement 30 % et 15 %.

c. Vérification de la régularité de la structure

Régularité en plan

La structure présente une forme en plan simple et une distribution de masse et de rigidité sensiblement symétrique vis-à-vis des deux directions orthogonales :

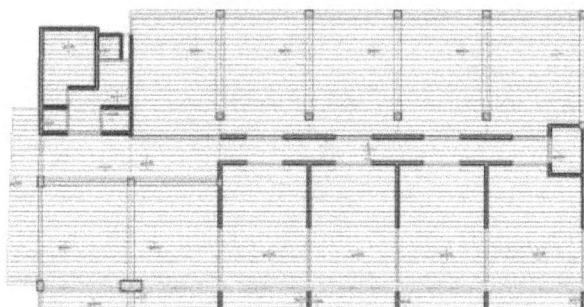

Figure 19 : Distribution des voiles et noyaux de contreventement.

→ Critère non vérifié.

La somme des dimensions des parties rentrantes ou oscillantes du bâtiment dans une direction donnée ne doit pas excéder 25% de la dimension totale du bâtiment dans cette direction :

Dimensions des parties entrantes :

- Suivant B : b = 1.65m >0,25×B = 0,25× 23.39 = 5.84m

Dimensions des parties sortantes :

- Suivant A : a = 2,80m > 0,25×A = 0,25× 44.33 = 11.08m
- Suivant B : b=1.85m > 0,25×B = 0.25×23.39= 5.84m

→ Critère vérifié.

L'élancement :

Soit : A = grand coté du bloc et B= Petit coté du bloc :   A / B = 44.33 / 23.39 = 1.89 < 3.5

➔ Critère vérifié.

d. Conclusion

D'après l'article 4.3.1.1.1 : Critères de régularité (Forme en plan) du RPS 2000, le bâtiment ne remplit pas toutes les conditions de régularité en plan.

Donc, le calcul des actions sismique ne peut pas être fait par la méthode statique équivalente d'où l'utilisation de l'approche dynamique est nécessaire.

2.3.1 Approche dynamique (approche modale)

a. Principe

L'approche de l'analyse spectrale est basée sur la détermination de la réponse maximale de la structure pour chacun de ses modes propres. La technique des modes normaux dite «méthode modale» est la plus utilisée en régime linéaire.

b. Condition d'application

Si les conditions de régularité ou de hauteur d'une structure, exigées par l'approche statique équivalente ne sont pas satisfaites, il est admis d'utiliser une approche dynamique pour l'analyse de l'action sismique.

3. Analyse modale

L'analyse modale spectrale désigne la méthode de calcul des effets maximaux d'un séisme sur une structure. Elle est caractérisée par :

- La sollicitation sismique décrite sous forme d'un spectre de réponse.
- Le comportement supposé élastique de la structure permettant le calcul des modes propres.

3.1 Généralités

Etant donné que le bâtiment ne satisfait à aucun des critères de régularité formulés par le RPS2000 et qu'il est donc à considérer comme irrégulier, aucune des méthodes simplifiées du règlement ne peut être utilisée pour déterminer forfaitairement le mode fondamental. Il doit donc être effectue une analyse modale sur un modèle tridimensionnel qui consiste à calculer les effets maximaux d'un séisme sur une structure. Pour cela, on recherche les modes de vibration de la structure qui caractérisent son comportement au voisinage des fréquences dites de résonance. En effet, la réponse d'une structure est prépondérante au droit de ces fréquences de résonance.

Etant donné qu'il existe, pour une structure, autant de modes de vibration que de degrés de liberté, il faut sélectionner le nombre de modes à extraire.

La recherche des modes doit être menée jusqu'à ce que les deux conditions suivantes soient respectées :

- la fréquence de 33 Hz (appelée fréquence de coupure) ne doit pas être dépassée ;
- le cumul des masses modales doit atteindre 90 % de la masse vibrante totale.

De plus, le nombre de modes retenus ne doit être inferieur à trois, car très souvent, pour les bâtiments courants, seuls deux ou trois modes ont une influence significative sur la réponse vis-à-vis d'une direction du séisme.

3.2 Principe de l'analyse modale

L'analyse modale permet de calculer les valeurs propres et leurs valeurs connexes (pulsations propres, fréquences propres ou périodes propres), précision, vecteurs propres, coefficients de participation et masses participantes pour l'étude aux vibrations propres de la structure.

Les modes propres de la structure et leurs valeurs sont calculées d'après l'équation :

$$(K - \omega_i^2.M).U_i = 0$$

Où :

- K – matrice de rigidité de la structure
- M – matrice des masses de la structure
- ω_i – pulsation propre du mode « i »,
- U_i – vecteur propre du mode « i »

Les facteurs de participation des masses sont définis de la façon suivante :

$$\lambda_i = V_i^T.M.D$$

Les masses participantes sont des masses dynamiques participant dans le mouvement de la structure pour chaque déformée modale et pour chaque degré de liberté. Elles sont exprimées comme masses courantes (pour le mode propre actuel) et comme masses relatives. Une masse relative est définie comme étant la somme des masses courantes à partir du premier mode jusqu'au mode courant

La sélection des modes propres s'effectue avec le critère des masses modales effectives c'est-à-dire la masse qui est excitée pour le mode i. L'organigramme ci-dessous représente la méthode à effectuer dans chaque direction. Il s'agit d'un processus itératif où :

- n est le nombre de modes calculés ;
- f_n est la fréquence du dernier mode propre calculé ;
- 33Hz est la valeur de la fréquence de coupure pour un ouvrage à risque normal ;
- $\sum M_i$ est la somme des masses modales et M est la masse totale vibrante.

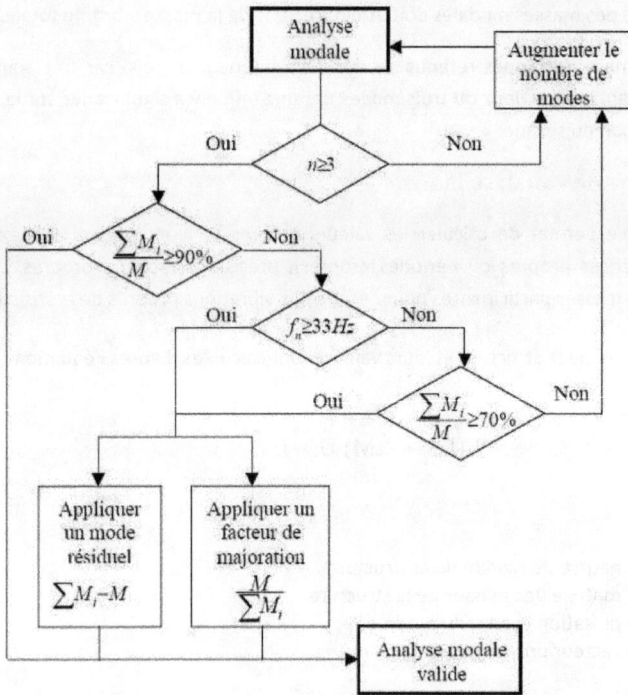

Figure 20 : Organigramme de sélection du nombre des modes propres.

4. Résultats de l'analyse modale avec RSA 2012

4.1 Résultat de l'analyse

Dans un premier temps nous avons commencé l'analyse avec un nombre de 10 modes. Les valeurs des masses participantes dans les deux directions restent inferieurs à 90%.

Nous constatons que la fréquence est inferieur à 33Hz.

Le présent règlement dit que le nombre des modes propres doit être augmenté jusqu'à que le pourcentage de participation des masses suivant X et suivant Y est a peu près de 90% ou plus.

Mode	Fréquence [Hz]	Période [sec]	Masses Cumulées participantes %	
			(Direction X)	(Direction Y)
1	1,54	0,65	52,36	3,24
5	6,78	0,15	71,53	73,23
10	2,42	0,14	67,09	56,93
15	18,44	0,05	83,27	89,33
20	22,83	0,04	88,75	91,04

21	23,06	0,04	88,91	92,03
22	23,49	0,04	89,65	92,12
23	24,11	0,04	91,4	92,12
24	24,93	0,04	91,44	92,24
25	25,79	0,04	92,13	92,26

Tableau 1 : Résultat de l'analyse modale pour 25 modes.

Finalement, nous avons arrivé à une participation des masses supérieure à 90% avec un nombre de modes égale à 23 sans que la fréquence dépasse 33Hz.

4.2 Représentations des modes

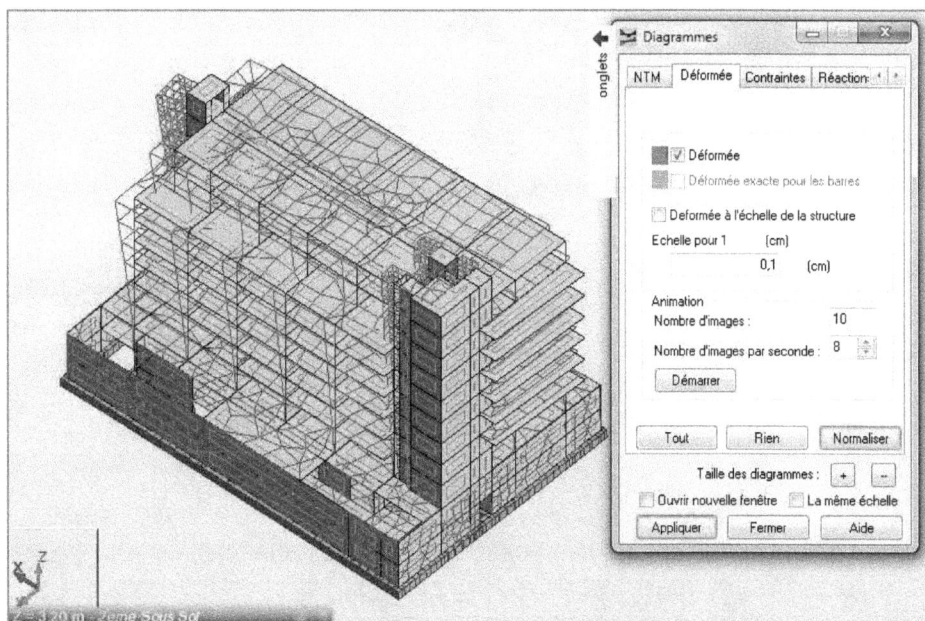

Figure 21 : Mode 1 - translation suivant X.

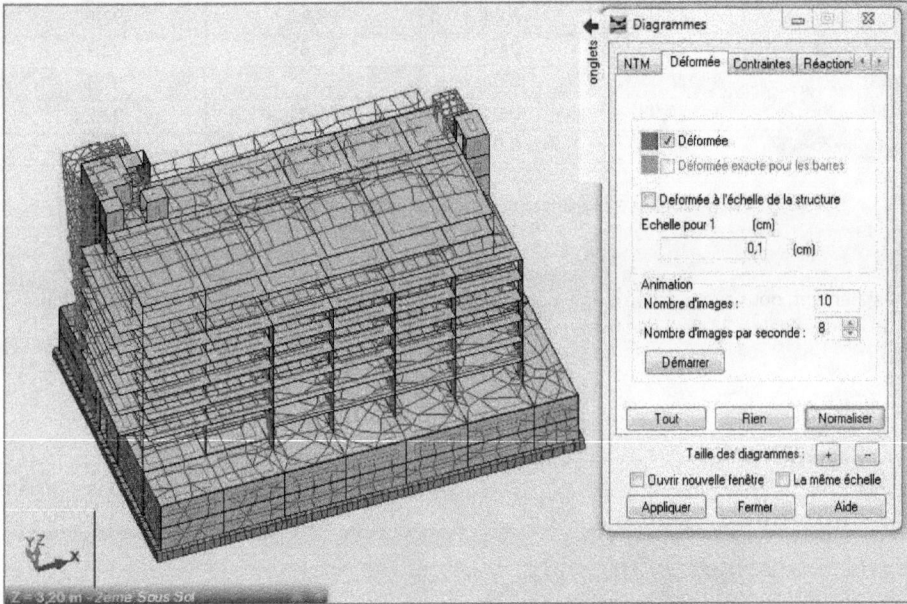

Figure 22 : Mode 2 - translation suivant Y.

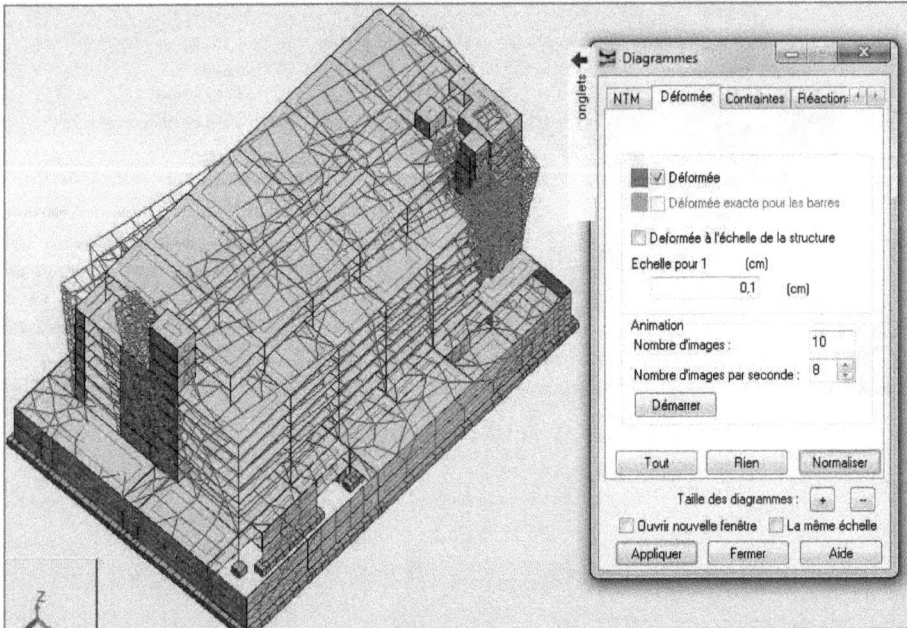

Figure 23 : Mode 3 - Torsion.

4.3 Conclusion

Les deux premiers modes sont des modes de translation selon X et Y et le 3ème mode est un mode de torsion. Ces résultats prouvent qu'on a réussie une bonne conception de la structure.

4.4 Vérification des déformations

Le but est de vérifier que la structure évolue dans le domaine de ses propriétés qui est pris en compte dans le calcul et contenir les dommages structuraux dans des limites acceptables.

4.4.1 Déplacements latéraux du bâtiment

Le déplacement latéral total du bâtiment Δg doit être limité à Δg limite = 0.004.H. Pour notre structure Δg limite = 0,004 × 2815= 11.26 cm, avec H est la hauteur totale de la structure.

Sens sismique	Déplacement	Déplacement latéral max (cm)	Déplacement latéral max limite (cm)
X	Ux	2.69	11.26
	Uy	1.8	11.26
Y	Ux	0.77	11.26
	Uy	2.87	11.26

Tableau 2 : Vérification de déplacements latéraux.

Conclusion : les déplacements latéraux calculés sont largement inférieurs aux déplacements limites requis par le règlement RPS 2000.

4.4.2 Déplacements inter- étages

Selon l'article 8-4 alinéa b) du RPS 2000 Les déplacements latéraux inter-étages évalués à partir des actions de calcul doivent être limités à :

- K. $\Delta_{el} \leq 0.007h$ Pour les bâtiments de classe I
- K. $\Delta_{el} \leq 0.010h$ Pour les bâtiments de classe II

Avec :

- ✓ h : la hauteur de l'étage ;
- ✓ K : coefficient du comportement. Ce coefficient étant K = 2 ou 1.4, pour une structure de contreventement mixte ou par portique.

Notre structure étant de classe II et de coefficient du comportement égale a 1,4.

Les déplacements inter-étages ont été calculés par le logiciel RSA et représentés comme suite :

Niveau	Hauteur (m)	Déplacement Δ (cm)	séisme suivant X		séisme suivant Y		Déplacement limite Δl (cm)
			U X	U Y	U X	U Y	
Terrasse	3.10	global	2.69	1.80	0.77	2.87	2.21
		inter-étages	0.06	0.02	0.07	0.33	
6ème étage	3.10	global	2.63	1.78	0.70	2.54	2.21
		inter-étages	0.26	0.24	0.07	0.34	
5ème étage	3.10	global	2.37	1.54	0.63	2.20	2.21
		inter-étages	0.24	0.23	0.06	0.34	

étage	hauteur	type					limite
4ème étage	3.10	global	2.13	1.31	0.57	1.86	2.21
		inter-étages	0.33	0.23	0.08	0.32	
3ème étage	3.10	global	1.8	1.08	0.49	1.54	2.21
		inter-étages	0.35	0.24	0.1	0.33	
2ème étage	3.10	global	1.45	0.84	0.39	1.21	2.21
		inter-étages	0.37	0.23	0.09	0.32	
1er étage	3.10	global	1.08	0.61	0.3	0.89	2.21
		inter-étages	0.35	0.21	0.1	0.30	
RDC	3.00	global	0.73	0.40	0.2	0.59	2.14
		inter-étages	0.32	0.18	0.08	0.26	
Mezz	3.45	global	0.41	0.22	0.12	0.33	2,46
		inter-étages	0.41	0.22	0.12	0.33	

Tableau 3 : Vérification des déplacements inter-étages.

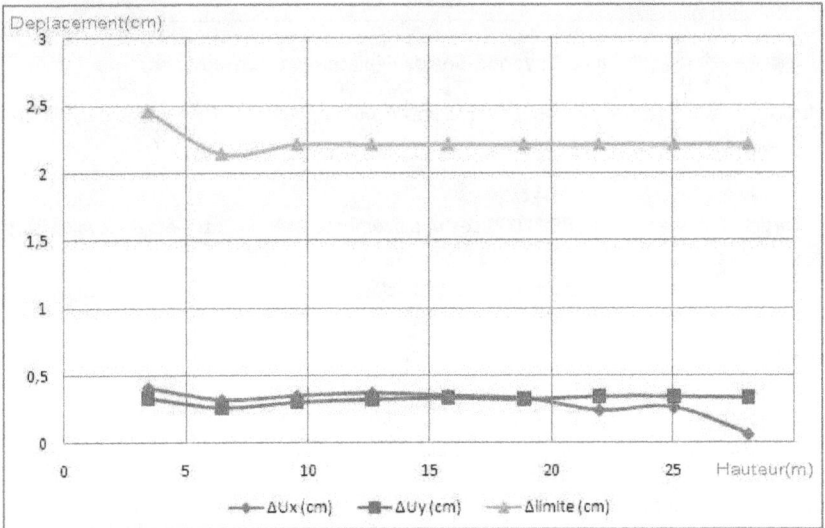

Figure 24 : Les déplacements inter-étages en fonction de la hauteur.

Conclusion : les déplacements inter-étages calculés sont largement inférieurs aux déplacements limites requis par le règlement RPS 2000.

4.4.3 Stabilité au renversement

Selon l'article 8-2-3 du RPS 2000 La structure doit être dimensionnée pour résister aux effets de renversement dû aux combinaisons des actions de calcul.

Pour vérifier la stabilité de la structure au renversement on calcul l'indice de stabilité θ :

$$\theta = \frac{K.W.depmax}{V.h}$$

Avec :

- ✓ h : la hauteur de l'étage.
- ✓ K : coefficient du comportement.
- ✓ w : poids de l'étage considéré.
- ✓ Depmax : déplacement relatif.
- ✓ V : action sismique au niveau considéré.

La stabilité est considéré satisfaite si : **θ ≤ 0.10**

Niveau	Hauteur (m)	Poids (KN)		séisme suivant X		séisme suivant Y		Indice de stabilité
				X	Y	X	Y	
6ème étage	3.10	13891,21269	V (KN)	3 627,35	1 753,64	1132,57	4112,18	0.0055
			Depmax (cm)	0.26	0.24	0.07	0.34	
5ème étage	3.10	13652,19298	V (KN)	6 376,72	3 046,28	1987,19	7007,15	0.0023
			Depmax (cm)	0.24	0.23	0.06	0.34	
4ème étage	3.10	17953,71397	V (KN)	9 588,89	4 553,64	3030,70	10370,39	0.0027
			Depmax (cm)	0.33	0.23	0.08	0.32	
3ème étage	3.10	17950,94751	V (KN)	12 477,62	5 848,06	3939,65	13342,80	0.0027
			Depmax (cm)	0.35	0.24	0.1	0.33	
2ème étage	3.10	17984,6784	V (KN)	15 118,24	6 933,92	4760,58	16044,08	0.0027
			Depmax (cm)	0.37	0.23	0.09	0.32	
1er étage	3.10	18014,91989	V (KN)	17 492,49	7 818,77	5485,94	18552,98	0.0027
			Depmax (cm)	0.35	0.21	0.1	0.30	
RDC	3.00	17855,34598	V (KN)	19 642,62	8 586,27	6133,62	20830,14	0.0013
			Depmax (cm)	0.32	0.18	0.08	0.26	
Mezz	3.45	14515,47988	V (KN)	21 201,17	9 099,52	6582,15	22434,91	0.0011
			Depmax (cm)	0.41	0.22	0.12	0.33	

Tableau 4 : Calcul de l'indice de stabilité au renversement.

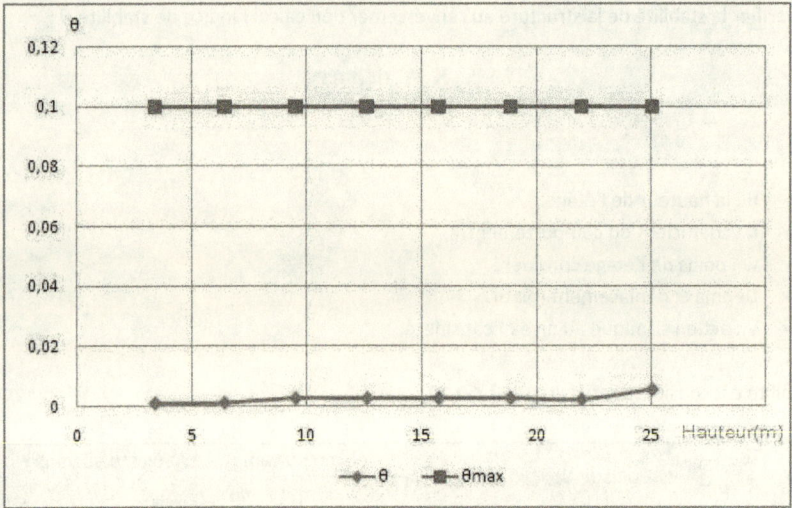

Figure 25 : L'indice de stabilité en fonction de la hauteur.

Conclusion : les indices de stabilité calculés pour chaque étage sont largement inférieurs à 0.10. Selon le RPS 2000, la stabilité au renversement de la structure est vérifiée.

Chapitre 4 : Dimensionnement des éléments de la structure

1. Combinaisons d'actions

1.1 Combinaisons statiques
Les charges retenues pour le pré-dimensionnement statique sont les suivantes :
> G : Charges permanentes de longues durées
> Q : Charges d'exploitation

Les combinaisons statiques à étudier sont alors :
> ELS : $G + Q$
> ELU : $1,35\ G+ + 1,5\ Q$

1.2 Combinaisons accidentelles
Les charges retenues pour le pré-dimensionnement accidentelle sont les suivantes :
> G : Charges permanentes de longues durées
> Q : Charges d'exploitation
> Ei : Action du séisme

Les combinaisons réglementaires pour l'étude ELUA sont alors :
> ELUA : $G + \psi Q + Ei$

Avec ψ est donnée dans le tableau suivant :

Nature des surcharges	Coefficient ψ
1/ Bâtiments à usage d'habitation et administratif...	0.2
2/ Bâtiments d'utilisation périodique par le public tels que salles d'exposition, salles de fêtes...	0.3
3/ Bâtiments d'utilisation tels que restaurants, salles de classe	0.4
4/ Bâtiments dont la charge d'exploitation est de longue durée tels qu'entrepôts, bibliothèques, silos et réservoirs...	1

Tableau 5 : Valeur de ψ en fonction de la nature des charges et leur durée (RPS2000).

Afin de prendre en compte les dissymétries en plan horizontal, deux directions principales de séisme sont à envisager (2 horizontales), dont les résultantes d'action à considérer seront obtenues suivant les combinaisons de Newmark :

$E = \pm\ Ex \pm 0,4\ Ey$ ➜ 8 combinaisons au total.

2. Descente de charges

2.1 Charges appliquées sur la structure

2.1.1 Charges permanentes

On entend par charges permanentes les actions susceptibles d'agir tout au long de la vie d'un ouvrage. Ces charges permanentes sont donc composées :

- Du poids propre des éléments porteurs et secondaires.
- Des poids des équipements et installations susceptibles de demeurer durant toute la vie de l'ouvrage.

Terrasses	Kg/m^2
Enduit plafond/ faux plafond et réseaux sous dalle	40
Forme de pente en béton légère	350
Complexe d isolation et d'étanchéité	30
protection dure par dallettes prefa	150
couche désolidarisation en sable ou gravillons	80
Total	650
Locaux intérieurs	Kg/m2
Revêtement du sol ep.10 cm	250
Enduit plafond/ faux plafond et réseaux sous dalle	40
Cloison légers de séparation des chambres	65
Murs en cloison double en maçonnerie pleines	100
Total	455
Escalier	250
Machinerie et équipement avec socle	500
Poids propre du béton armé	$2500\ kg/m^3$

Tableau 6 : Les différentes charges permanentes appliquées à la structure.

2.1.2 Charges d'exploitation

On entend par charges d'exploitations les charges résultant de l'usage des locaux. Les charges normales d'exploitation sont relatives :

- Aux surcharges d'occupation humaine sur surfaces horizontales (planchers), aux garde-corps.
- Aux surcharges d'entretien : sur-couvertures de charpentes, terrasses.

Terrasses	Kg/m^2
zone inaccessible	100
zone accessible	150
zone technique	500
Locaux intérieurs	
Chambres/sanitaires	150
Balcons	350

restaurants/salons	250
salle de jeu/cuisine	500
dépôts de cuisine	600
Parking	250
escalier	250

Tableau 7 : Les différentes charges d'exploitation appliquées à la structure.

2.2 Descente de charges

2.2.1 Objectif

Pour chaque projet, une descente de charges sera utile tout au long du projet, permettant de retrouver rapidement les charges appliquées sur les différents éléments de la structure.
De plus, elle permet de conserver une trace de la répartition des charges et ainsi de rester en cohérence du début a la fin du projet.

2.2.2 Descente de charges manuelle

On va prendre l'exemple du poteau A17

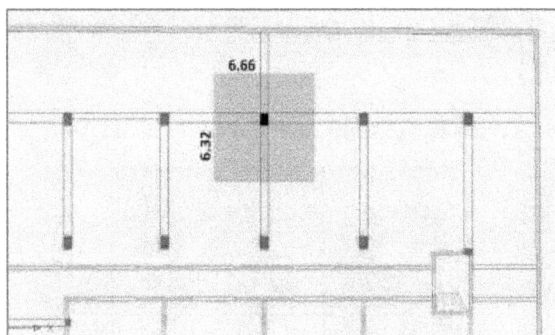

Figure 26 : Surface de chargement du poteau A17 aux sous sols.

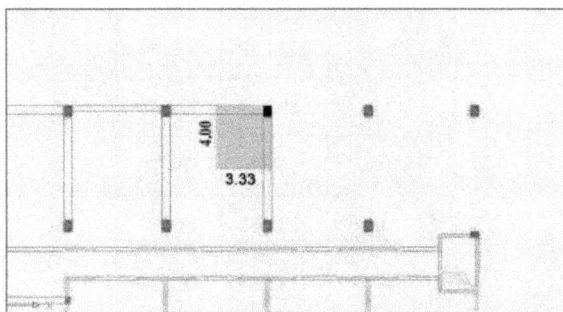

Figure 27 : Surface de chargement du poteau A17 au Mezzanine.

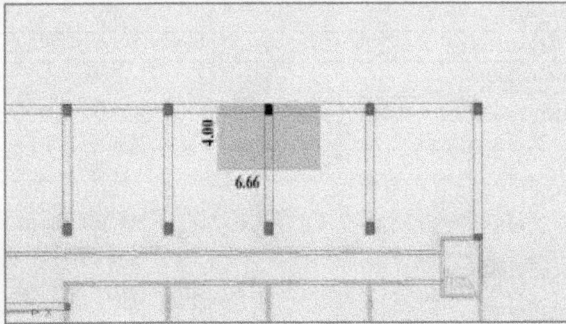

Figure 28 : Surface de chargement du poteau A17 aux RDC et étages courants.

Niveau	Surface (m2)	G (Kg/m2)	Q (Kg/m2)	G(KN)	Q(KN)
Etage courant et RDC	26.64	455+500	150 / 250	254.41	39.96 / 66.6
Mezzanine	13.32	455+500	600	127.21	79.92
Sous sols	455+500+500	250 / 500	612.41	105.22 / 210.45	455+500+500

Tableau 8 : Valeurs des efforts normaux sur le poteau A17 par niveau.

Les résultats finals de la descente de charges sont représentés sur le tableau suivant :

Niveau	G(KN)	Q(KN)
4ème étage	254.41	39.96
3ème étage	541.37	79.92
2ème étage	828.33	119.88
1^{ier} étage	1115.29	159.84
RDC	1402.25	226.44
Mezz	1560.96	306.36
1^{ier} sous sol	2208.63	411.58
2ème sous sol	3141.84	684.23

Tableau 9 : Récapitulation de la descente de charges pour le poteau A17 par niveau.

2.2.3 Descente de charges par logiciel (CBS PRO)

Les calculs statiques effectués sur CBS PRO donnent les valeurs de la descente de charge statique pour la combinaison ELU (1.35 G + 1.5 Q).

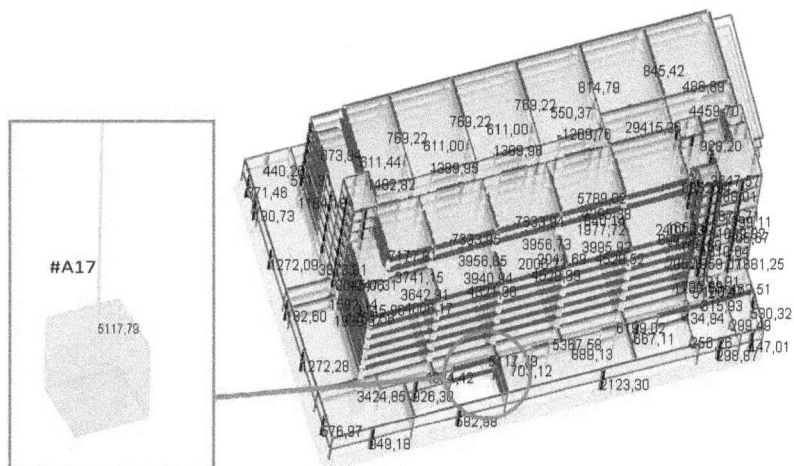

Figure 29 : Descente de charge sur CBS PRO.

3. Dimensionnement des poteaux

3.1 Pré-dimensionnement manuel

Le poteau est un élément essentiel de la structure, généralement vertical, dont la longueur est grande par rapport aux autres dimensions transversales.

Pour les poteaux, le pré-dimensionnement se base sur la limitation de l'élancement mécanique λ. En effet, pour limiter le risque de flambement, l'élancement doit être inférieur à 70.

$$\lambda_{max} \leq \frac{l_f}{i_{min}} \qquad \text{Avec} \qquad i_{min} = \sqrt{\frac{I_{min}}{B}}$$

La longueur de flambement l_f est calculée en fonction de la longueur libre du poteau l_0 et de ses liaisons effectives, dans ce cas : $l_f = 0.7\ l_0$

$$a \geq 2\sqrt{3}\,\frac{l_f}{\lambda} \qquad \text{et} \qquad b \leq \frac{N_u}{\alpha} \times \frac{0.9 \times \gamma_b}{f_{c28} \times (a-0.02)} + 0.02$$

G_{cum}	Q_{cum}	Nu (MN)	Lf(m)	a (calculé)	a (choisit)	λ	α	B (calculé)	B (choisit)
3141.84	684.23	5.2678	2.24	0.2217	0.6	12.93	0.827	0,613	0,7

Tableau 10 : Pré-dimensionnement du poteau A17 au dernier sous sol.

3.2 Pré-dimensionnement par logiciel (RSA 2012)

Une fois la descente de charge sur CBS est effectuée on peut passer au pré-dimensionnement des poteaux par le logiciel Robot.

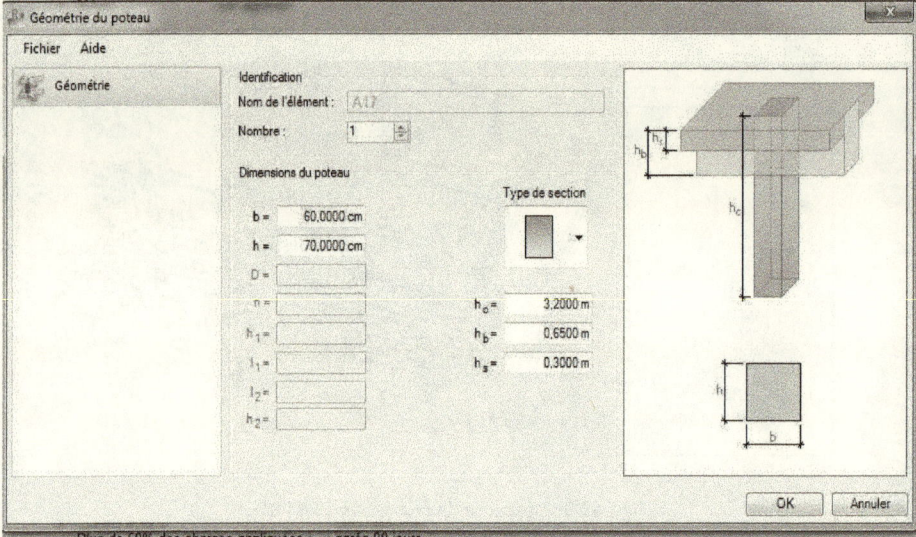

Figure 30 : Pré-dimensionnement du poteau A17 par logiciel Robot.

3.3 Ferraillage manuel

Dans ce qui suit nous allons ferrailler le poteau A17 au niveau dernier sous sol en tenant compte l'état limite ultime ELU.

3.3.1 Armatures longitudinales

$$A_{sc} \geq \left(\frac{N_u}{\alpha} - \frac{B_r.f_{c28}}{0.9\gamma_b} \right).\frac{\gamma_s}{f_e} = \text{-0.21} < 0$$

Le ferraillage du poteau sera avec la section des armatures minimales puisque la valeur de calcul donne une valeur inférieure à la section minimale donc on travaille avec des armatures minimales.

$$\text{Asc}_{min} = \max \begin{cases} 0.2*B/100 = 0.2*60*70/100 = 8.4 \text{ cm}^2 \\ \\ 4\text{cm}^2 \times 2 \times (0.6 +0.7) = 10.4 \text{ cm}^2. \end{cases} \rightarrow \text{Asc= Asc}_{min} = 10.4 \text{ cm}^2$$

On adopte de ferrailler avec 8 HA14 d'une section réelle égale à 12.31 cm².

3.3.2 Armatures transversales

Diamètre : $\Phi t > \Phi l/3$ ➜ $\Phi t > 4.66$ mm, on adopte $\Phi t = 6$ mm.

Espacements : St < min (15 Φl ; 40 cm ; a+10 cm) = min (21 ; 40 ; 70) = 12cm.

3.4 Ferraillage par logiciel RSA 2012

3.4.1 Ferraillage statique

Une fois les options de calcul et les dispositions de ferraillage sont réglées, on lance les calculs.

Poteau A17, au niveau du dernier sous sol :

Niveau :
- Cote de niveau : 3,20 (m)
- Fissuration : peu préjudiciable
- Milieu : non agressif

Caractéristiques des matériaux :
- Béton : fc28 = 25,00 (MPa)
- Poids volumique : 2501,36 (kG/m3)
- Aciers longitudinaux : type HA 500
- Aciers transversaux : type HA 500

Géométrie :
- Rectangle : 60,0 x 70,0 (cm)
- Epaisseur de la dalle : 0,30 (m)
- Sous dalle : 3,22 (m)
- Sous poutre : 2,87 (m)
- Enrobage : 3,0 (cm)

Hypothèses de calcul :
- Calculs suivant : BAEL 91 mod. 99
- Dispositions sismiques : non
- Poteau préfabriqué : non
- Tenue au feu : forfaitaire
- Pré-dimensionnement : non
- Prise en compte de l'élancement : oui
- Compression : simple
- Cadres arrêtés : sous plancher
- Plus de 50% des charges appliquées : après 90 jours

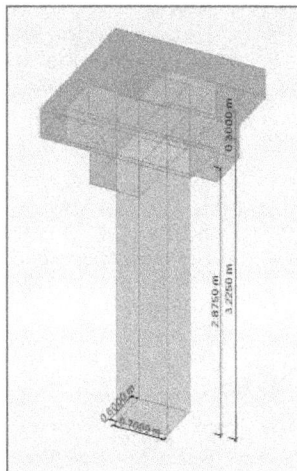

Chargements :

Cas	Nature	N (kN)
ELU	de calcul	5323,5284

Résultat du Ferraillage

Section d'acier réelle :
- A= 16,0850 (cm2)

Barres principales :
- 8 HA 16   l = 3,4950 (m)

Ferraillage transversal :
- 14 Cad HA 8   l = 2,5151 (m)   e = 14*0,2221 (m)
- 14 Cad HA 8   l = 1,8896 (m)   e = 14*0,2221 (m)

Plan d'exécution statique du poteau est représenté sur l'Annexe1 (Page 90).

Note de calcul statique du poteau est représentée sur l'Annexe2 (Page 91).

3.4.2 Ferraillage parasismique

Niveau :
- Cote de niveau   : 3,20 (m)
- Fissuration   : peu préjudiciable
- Milieu   : non agressif

Caractéristiques des matériaux :
- Béton   : fc28 = 25,00 (MPa)
- Poids volumique   : 2501,36 (kG/m3)
- Aciers longitudinaux   : type   HA 500
- Aciers transversaux   : type   HA 500

Géométrie :
- Rectangle   : 60,0 x 70,0 (cm)
- Epaisseur de la dalle   : 0,30 (m)
- Sous dalle   : 3,22 (m)
- Sous poutre   : 2,87 (m)
- Enrobage   : 3,0 (cm)

Hypothèses de calcul :
- Calculs suivant   : BAEL 91 mod. 99
- Dispositions sismiques   : sismique
- Poteau préfabriqué   : non
- Tenue au feu   : forfaitaire
- Pré-dimensionnement   : non
- Prise en compte de l'élancement   : oui
- Compression   : avec flexion
- Cadres arrêtés   : sous plancher
- Plus de 50% des charges appliquées   : après 90 jours

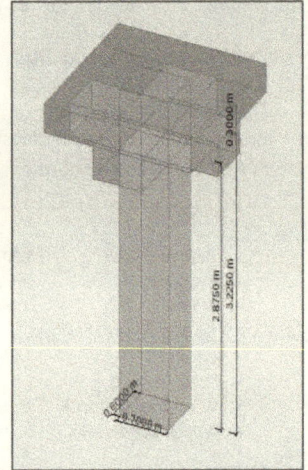

Chargements :

Cas	Nature	N (kN)	Mz (KN.m)
ELU(A)	Sismique	5323,5284	52,6445

Résultat du Ferraillage

Section d'acier réelle :
- A= 43,9823 (cm2)

Barres principales :
- 14 HA 20   l = 3,4950 (m)

Ferraillage transversal :
- 28 Cad HA 8   l = 2,5151 (m)   e = 9*0,0800 + 6*0,2400 + 13*0,0788 (m)
- 28 Ep HA 8   l = 0,7934 (m)   e = 9*0,0800 + 6*0,2400 + 13*0,0788 (m)
- 56 Ep HA 8   l = 0,6934 (m)   e = 9*0,0800 + 6*0,2400 + 13*0,0788 (m)

Plan d'exécution parasismique du poteau est représenté sur l'Annexe3 (Page 93).

Note de calcul parasismique du poteau est représentée sur l'Annexe4 (Page 94).

3.5 Conclusion

On constate clairement, la grande différence et l'importance du ferraillage en plus pour le poteau parasismique par rapport au poteau standard ce qui est justifié par la présence des moments sismiques.

5. Dimensionnement des voiles

Le calcul du voile se fait par étage pour assurer la condition $\lambda \leq 80$, ainsi on s'intéressera au ferraillage du voile au niveau du sous sol qui est en fait le plus sollicité.

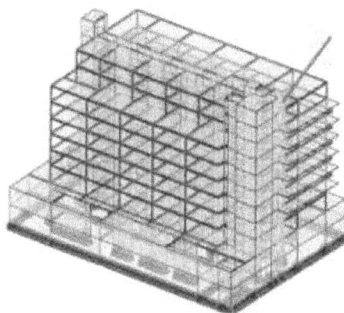

Figure 31 : Voile étudié par RSA 2012.

Les combinaisons d'action à considérer seront obtenues suivant les combinaisons de Newmark. La combinaison la plus défavorable donnée par ROBOT avec lesquelles on va dimensionner notre voile est la suivante :

N (KN)	H (KN)	M (KN.m)
1237,4710	73,3980	197,5804

Tableau 11 : Sollicitations appliquées au voile à l'état accidentelle la plus défavorable.

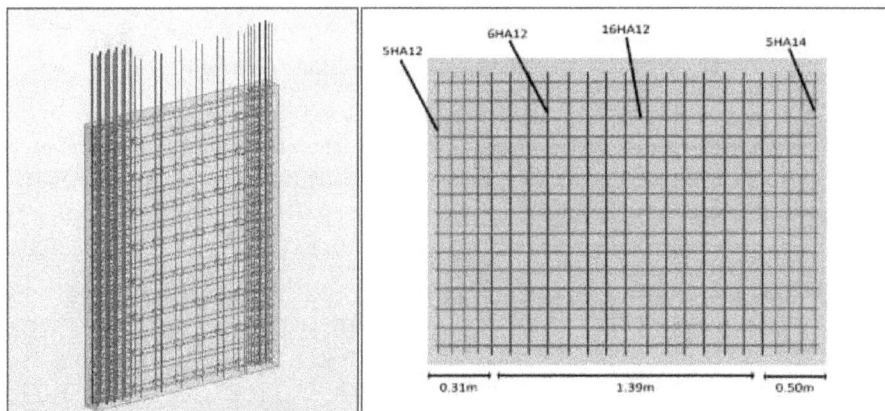

Figure 32 : Plan de ferraillage du voile.

Note de calcul du voile est représentée sur l'Annexe5 (Page 97).

6. Dimensionnement des poutres

On va dimensionner une poutre au niveau de la terrasse, C'est une poutre à 2 travées de section 30cm*60cm, avec encastrement au niveau des appuis de rive.

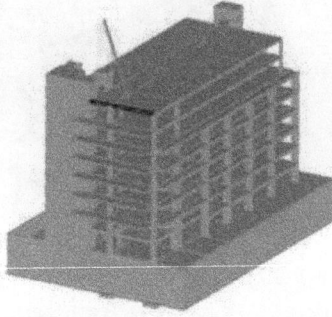

Figure 33 : Poutre étudié par RSA 2012.

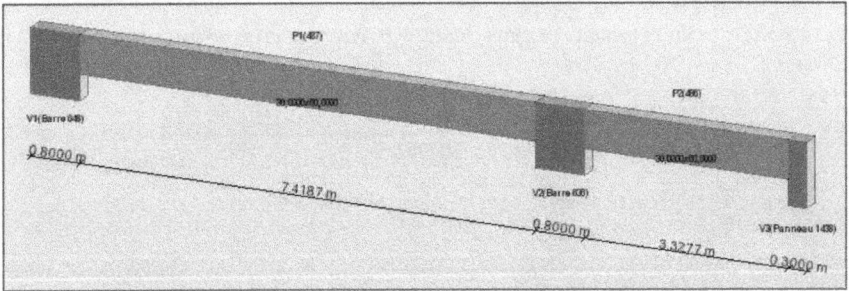

Figure 34 : La géométrie retenue pour le calcul de la poutre.

5.1 Comparaison du moment théorique avec le moment limite

Les charges supportées par les poutres engendrent des moments qui doivent être supportés par la poutre à l'ELU, l'ELS et l'ELA. Pour ce faire, on devrait comparer le moment fléchissant théorique (bleu) avec le moment limite (rouge).

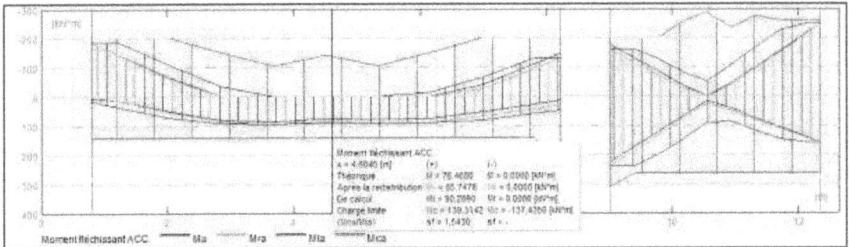

Figure 35 : Comparaison du moment théorique avec le moment limite à l'ELA.

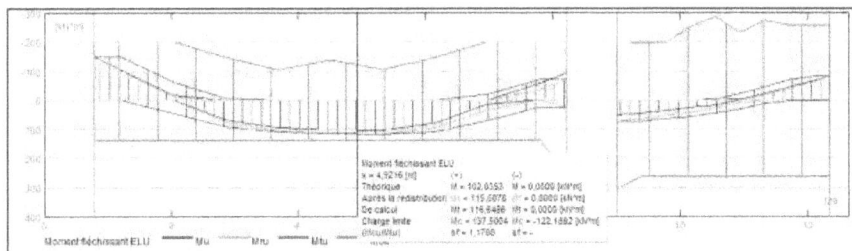

Figure 36 : Comparaison du moment théorique avec le moment limite à l'ELU.

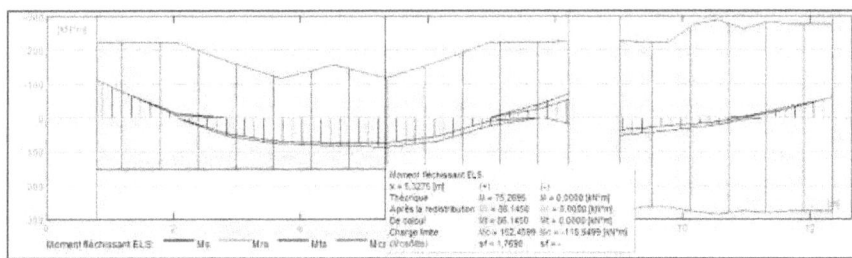

Figure 37 : Comparaison du moment théorique avec le moment limite à l'ELS.

On voit bien que le moment théorique est inferieur au moment limite dans les deux travées à l'ELU, à l'ELS et à l'ELA. La poutre est donc capable de supporter le moment théorique du aux charges.

5.2 Vérification de la flèche

La vérification consiste à s'assurer que la déformation de la poutre engendrée par les charges (bleu) reste inférieure à la flèche admissible (rouge).

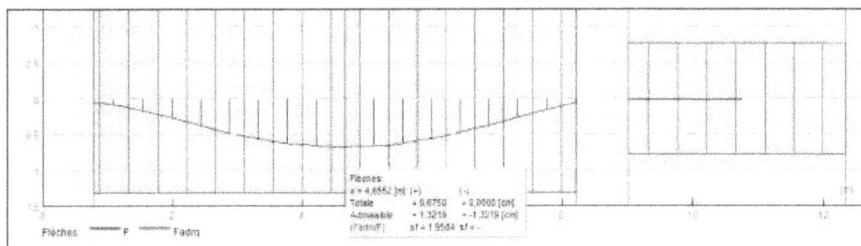

Figure 38 : Vérification de la flèche.

On voit bien que la flèche totale est inferieure à la flèche admissible pour les deux travées; La flèche est donc vérifiée.

5.3   Vérification de la section d'acier

On doit vérifier si le ferraillage disposé suffit pour reprendre les moments engendrés par les charges ; ainsi, on compare la section d'acier théorique (bleu) avec la section réelle (rouge).

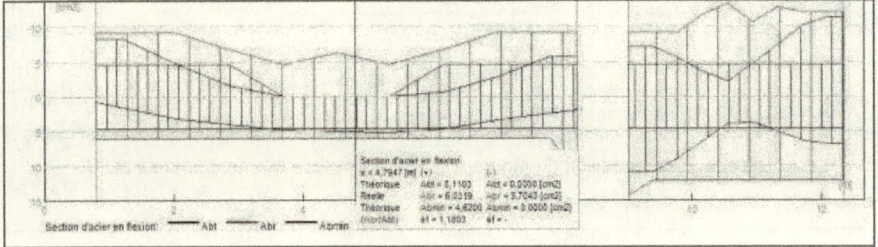

Figure 39 : Vérification de la section d'acier.

On voit bien que la section réelle est supérieure à la section théorique donc la disposition de ferraillage adoptée est satisfaisante.

5.4   Ferraillage de la poutre

Les vérifications étant effectuées, le ferraillage proposé est donc valable et susceptible d'être adopté. Le ferraillage obtenu est :

Ferraillage Statique

Travée 1 :

Ferraillage longitudinal :
Aciers inférieurs
3 HA 500 12   l = 9,5262 de 0,0300 à 9,2769
Aciers de montage (haut)
3 HA 500 10   l = 8,7646 de 0,0300 à 8,5887
Chapeaux
3 HA 500 12   l = 5,1490 de 0,0300 à 4,9292
3 HA 500 12   l = 3,3191 de 0,0800 à 3,1493
3 HA 500 12   l = 7,5190 de 4,0895 à 11,6085
3 HA 500 12   l = 5,0532 de 5,8693 à 10,9225
Ferraillage transversal :
34 HA 500 6   l = 1,4661

Travée 2 :

Ferraillage longitudinal :
Aciers inférieurs
3 HA 500 12   l = 4,9353 de 7,9605 à 12,6164
3 HA 500 12   l = 4,9853 de 7,8605 à 12,5664
Aciers de montage (haut)
3 HA 500 10   l = 4,1737 de 8,6487 à 12,6164
Chapeaux
3 HA 500 12   l = 3,0294 de 9,8664 à 12,6164
3 HA 500 12   l = 2,0594 de 10,7864 à 12,5664
Ferraillage transversal :
9HA 500 6   l = 1,4661

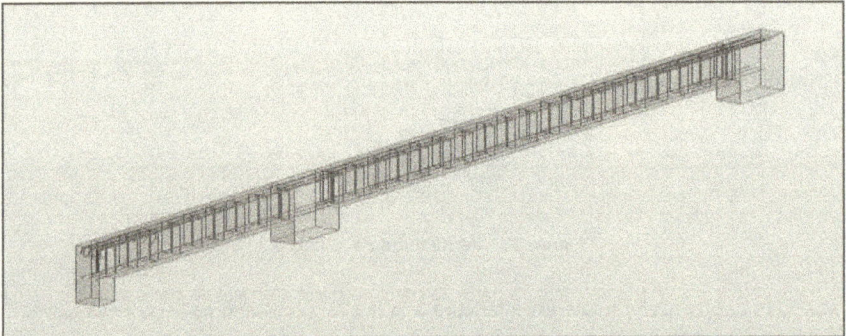

Figure 40 : Ferraillage statique de la poutre.

Ferraillage Parasismique

Travée 1 :

Ferraillage longitudinal :
Aciers inférieurs
3 HA 500 16   l = 9,5262 de 0,0300 à 9,2769
Aciers de montage (haut)
3 HA 500 12   l = 8,7646 de 0,0300 à 8,5887
Chapeaux
3 HA 500 14   l = 5,1490 de 0,0300 à 4,9292
3 HA 500 14   l = 3,3191 de 0,0800 à 3,1493
3 HA 500 14   l = 7,5190 de 4,0895 à 11,6085
3 HA 500 14   l = 5,0532 de 5,8693 à 10,9225
Ferraillage transversal :
84 HA 500 6   l = 1,4661
e = 1*0,0243 + 9*0,0900 + 23*0,2500 + 9*0,0900 (m)

Travée 2 :

Ferraillage longitudinal :
Aciers inférieurs
3 HA 500 16   l = 4,9353 de 7,9605 à 12,6164
3 HA 500 16   l = 4,9853 de 7,8605 à 12,5664
Aciers de montage (haut)
3 HA 500 12   l = 4,1737 de 8,6487 à 12,6164
Chapeaux
3 HA 500 16   l = 3,0294 de 9,8664 à 12,6164
3 HA 500 16   l = 2,0594 de 10,7864 à 12,5664
Ferraillage transversal :
64 HA 500 6   l = 1,4661
e = 1*0,0078 + 15*0,0900 + 3*0,2500 + 13*0,0900 (m)

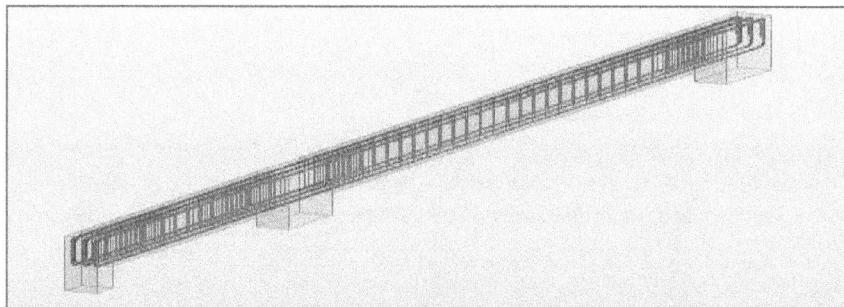

Figure 41 : Ferraillage parasismique de la poutre.

Plan d'exécution de la poutre est représenté sur l'Annexe6 (Page 101).
Note de calcul de la poutre est représentée sur l'Annexe7 (Page 103).

5.5 Conclusion

On remarque l'énorme différence de ferraillage entre le cas statique et dynamique ce qui est justifié par la présence des efforts Fx, Fy en plus de Fz et Mx, Mz en plus de My dans le cas sismique, efforts auxquels doit résister la poutre ferraillée en parasismique.

6. Dimensionnement des dalles

On va dimensionner une dalle au niveau du 6eme étage.
- Charge permanente : G = 6.5KN
- Charge d'exploitation : Q = 1.5 KN
- Lx=7.42m
- Ly=8.22m
- α=0.902 donc la dalle porte dans les deux sens
- Epaisseur de la dalle =30cm

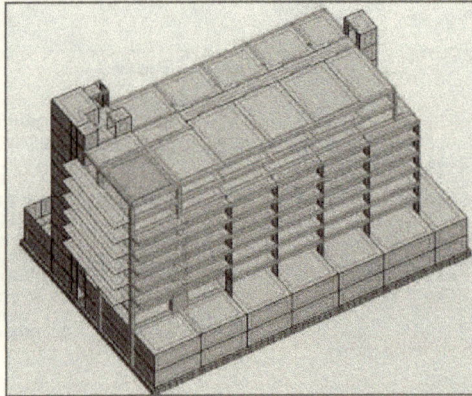

Figure 42 : Dalle étudié par RSA 2012.

6.1 Vérification de la flèche

Pour la vérification de la flèche avec logiciel Robot et CBS, on modélise la dalle en régime encastré. La flèche générée par logiciel Robot est illustrée dans la figure suivante :

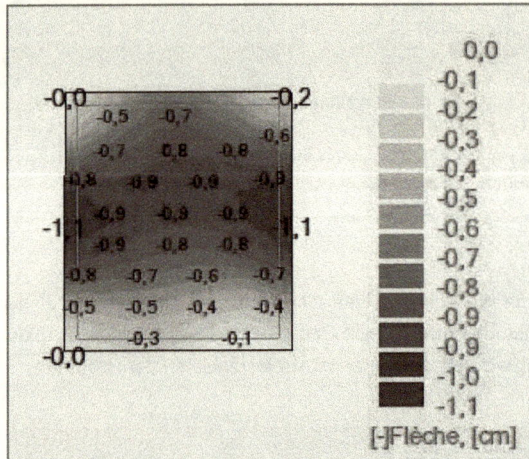

Figure 43 : Cartographie des flèches donnée par RSA 2012.

La flèche limite : f= L/250 Pour L ≤ 5m et   f= 0.5 + L/1000 Pour L ≥ 5m
Donc : f = 0.5 + 822 / 1000 = 1.32cm

On remarque clairement que la flèche réelle est inférieure à la flèche limite.

6.2 Ferraillage de la dalle

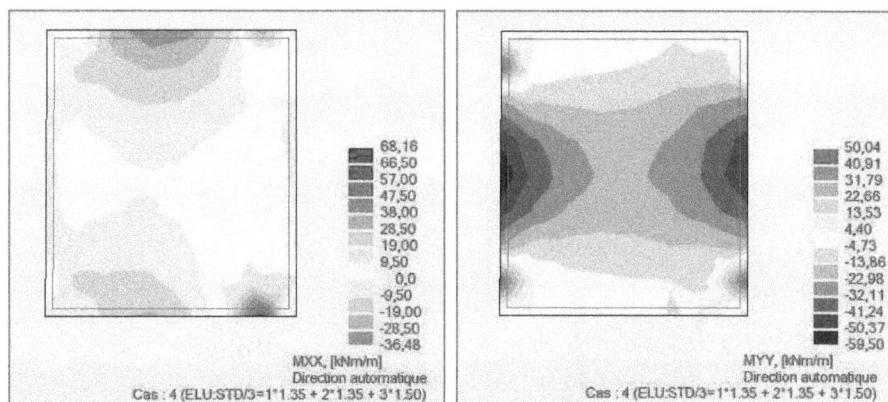

Figure 44 : Valeurs des moments Mox et Moy donnés par RSA 2012.

La dalle étant continue et encastrée sur les quatre cotés donc :

- $M_{tx} = 0.75 M_{0x} = 27.36$ KN.m/m ➔ $A_{tx} = 2.4$ cm^2/m ➔ 4HA12/m
- $M_{ty} = 0.75 M_{0y} = 44.62$ KN.m/m ➔ $A_{ty} = 3.9$ cm^2/m ➔ 4HA12/m
- $M_{ax} = 0.5 M_{0x} = 34.08$ KN.m/m ➔ $A_{ax} = 3$ cm^2/m ➔ 4HA10/m
- $M_{ay} = 0.5 M_{0x} = 25.02$ KN.m/m ➔ $A_{ay} = 2.2$ cm^2/m ➔ 4HA10/m

6.3 Plan d'exécution du ferraillage

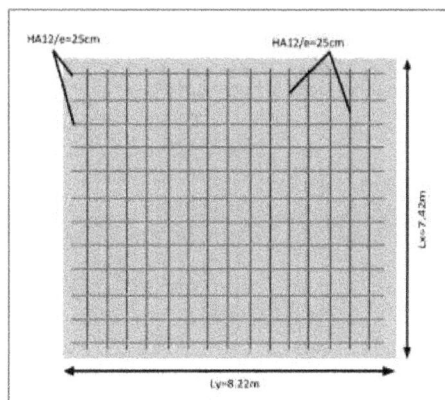

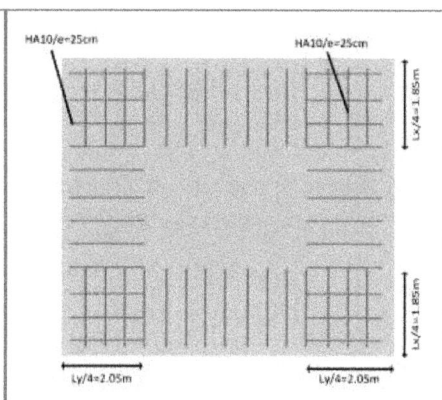

Figure 45 : Ferraillage inferieur de la dalle.

Figure 46 : Ferraillage supérieur de la dalle.

7. Dimensionnement des semelles

On va dimensionner la semelle sous le poteau A17.

- A = 2,30 (m)
- B = 2,30 (m)
- h1 = 0,70 (m)

Charges sur la semelle :

- Nu = 5399,72 (KN)
- My = 73,16 (KN.m)

Ferraillage de la semelle :

- Suivant X : 21 HA 16   l = 2,73 (m)   e = 1*-1,10
- Suivant Y : 20 HA 16   l = 2,73 (m)   e = 0,11

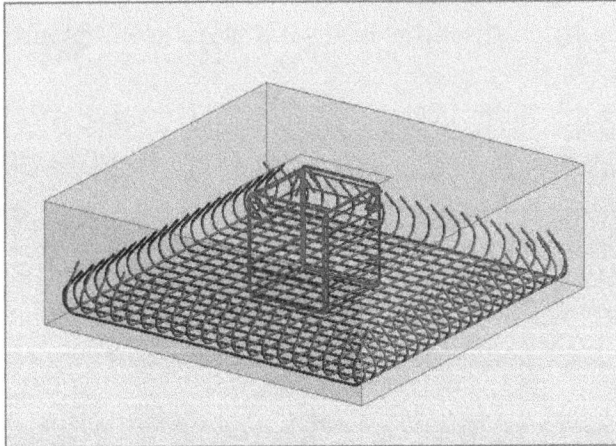

Figure 47 : Schéma de ferraillage de la semelle sous le poteau A17.

Plan d'exécution de la semelle est représenté sur l'Annexe8 (Page 110).
Note de calcul de la semelle est représentée sur l'Annexe9 (Page 111).

PARTIE 3 : VARIANTE METALLIQUE

Chapitre 1: Conception du projet

1. Généralités

L'acier est utilisé depuis longtemps dans la construction en raison de sa résistance et de sa durabilité. Toutes ces qualités et plusieurs autres se retrouvent dans les éléments de charpente d'acier légers et profitent à l'ensemble du marché de la construction de bâtiments industriels, commerciaux et publics. Voici ces avantages :

Attrait et polyvalence architecturale – Les concepteurs ont l'embarras du choix parmi la variété de revêtements adaptés aux éléments de charpente an acier légers pour en trouver un dont l'apparence correspond au style de leur projet. Les produits de finition des murs extérieurs les plus courants pour recouvrir les charpentes en acier comptent les suivants :
- Panneaux de métal préfinis;
- Plâtre de ciment de Portland (stuc) sur latte en métal;
- Systèmes d'isolation et de finitions extérieures;
- Brique, pierre, carreau de céramique et placages en béton;
- Contreplaqué préfini.

Légèreté – Le mot « léger » n'est pas associé à ce produit par hasard. En effet, le rapport résistance-poids des éléments de charpente en acier laminé légers est plus élevé que celui d'éléments de bois ou de maçonnerie de taille comparable, donc ils sont plus légers. Cette caractéristique contribuant à une meilleure résistance sismique des structures, on peut donc réduire les coûts en utilisant une semelle de fondation, ou encore ajouter un étage au bâtiment.

Assemblage facile – Les éléments de charpente en acier légers sont faciles à manipuler en atelier et sur le chantier. Plusieurs de ces éléments peuvent être déplacés à la main ou par un dispositif de levage de petite capacité, ce qui permet parfois l'utilisation de matériel de levage moins volumineux et moins coûteux sur le chantier de construction.

Rapidité de construction – Comme le froid n'a aucune incidence sur les éléments de charpente en acier, la période de construction ne connaît pas d'interruption saisonnière. Ajoutez à cela l'utilisation du système de panneaux et propriétaires et locataires peuvent profiter plus rapidement de leur résidence.

Incombustibilité et résistance au feu – L'acier est un matériau non combustible qui ne propage pas le feu dans un immeuble. Par conséquent, lorsqu'on utilise l'acier comme matériau de charpente plutôt qu'un matériau combustible, on peut construire une plus grande variété de bâtiments et se soustraire à certaines exigences relatives aux surfaces de plancher et aux systèmes d'extincteurs automatiques. Beaucoup d'assemblages de planchers et de murs faits d'éléments de charpente en acier légers ont été soumis à des essais concluants et plusieurs autres systèmes ont obtenu un bon classement de résistance au feu.

Durabilité – Grâce à leur grande résistance et à leurs revêtements protecteurs, les éléments de charpente en acier légers sont d'une durabilité impressionnante. En effet, les rendements courants peuvent durer cent ans et plus s'ils sont appliqués sur des charpentes en acier utilisées dans des bâtiments bien construits, dans un environnement contrôlé.

Fiabilité et salubrité – Les éléments de charpente en acier légers ne se contractent pas, ne se déforment pas, ne gonflent pas, ne fluent pas et ne travaillent d'aucune façon que ce soit. Ils sont inorganiques et, de ce fait, ne peuvent ni pourrir, ni favoriser la formation de moisissure et de champignons nuisibles pour la santé. De plus, ils n'attirent pas les animaux indésirables comme les termites et les rongeurs, qui ne peuvent les endommager.

Isolation thermique et contrôle de l'humidité – Les éléments de charpente en acier légers combinés à d'autres matériaux forment des systèmes d'enveloppe de bâtiment efficaces et peu coûteux pour réduire le transfert thermique et la migration de l'humidité.

2. Choix des éléments de la structure

Après avoir les qualités intrinsèques du matériau acier et d'une structure métallique, il faut se pencher sur les différents critères dont le choix, par le maître de l'ouvrage, l'architecte ou l'ingénieur, peut influencer la conception de projet et la réalisation de l'ouvrage. L'utilisation des surfaces ou des volumes, fonctionnement, confort, etc… Alors que d'autres sont liés plus directement à la sécurité structurale de la charpente (capacité portante, résistance au feu, etc…). Enfin, les facteurs liés à l'économie de la construction et à l'impact sur l'environnement doivent être pris en compte durant toutes les phases d'existante de l'ouvrage.

2.1 Systèmes de plancher

Dans les bâtiments à ossature métallique, la dalle est souvent réalisée en béton armé ou en construction mixte avec tôle profilée en acier.

Concernant les planchers dans notre projet on a choisit des planchers mixtes à dalle collaborant, au fait que ces planchers sont la solution la plus économique et la plus judicieuse techniquement.

La composition d'un plancher mixe à dalle collaborant est illustrée sur la figure suivante :

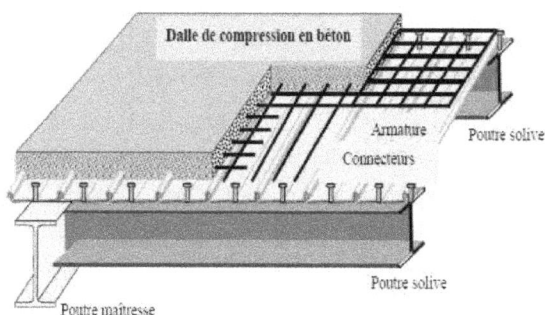

Figure 48 : Constitution d'un plancher collaborant.

Le plancher mixte est composé d'une tôle profilée en acier sur laquelle on coule une dalle en béton comportant un léger treillis d'armatures destiné à limiter la fissuration du béton due au retrait et aux effets de la température.

2.2 Poutres principales

Les poutres utilisées en construction métallique de bâtiments sont de divers types, selon leur utilisation et leur disposition en plan et en élévation. La gamme des profils disponibles est large, on site quelque profils des poutres métalliques :

- Les profils IPE et IPN sont les plus utilisés pour les planchers des bâtiments à étages particulièrement conçus pour la flexion simple, ils sont très économiques (en raison de leur rapport poids-résistance favorable) et l'épaisseur constante de leur ailes facilite les assemblages.
- Les profils HEA et HEB sont avant tout utilisées pour la reprise d'efforts importants la gamme de hauteurs s'échelonne de 10cm à 100cm.
- Les profils UPN et UAP sont surtout utilisés comme poutres de rive de plancher. Ils peuvent également être jumelés et utilisés comme poutre moisées de plancher pour mieux résister aux efforts de torsion.

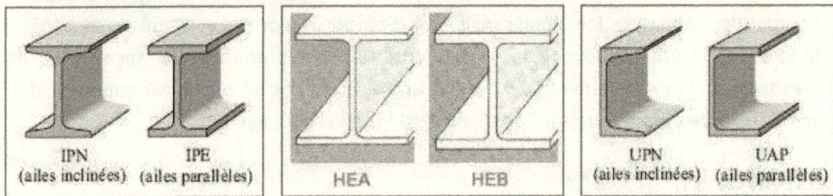

Figure 49 : Quelques profilés des poutres métalliques.

Dans notre projet, il existe des portées qui dépasse 8m, donc nous avons adopté à réaliser des poutres par des profilés laminés en HEA.

2.3 Solives (Poutres secondaires)

Les solives sont des poutrelles en IPE qui travaillent en flexion simple et écartées entre eux avec une distance L ($0.7 \leq L \leq 1.5$).

2.4 Poteaux

Les profilés laminés en I ou en H sont les plus utilisés comme poteaux de charpente métallique. Ils conviennent particulièrement bien à l'assemblage des poutres dans les deux directions perpendiculaires, toutes les parties de la section étant accessibles pour le boulonnage.

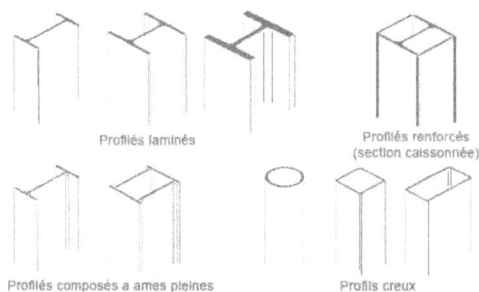

Profilés laminés

Profilés renforcés
(section caissonnée)

Profilés composés a ames pleines

Profils creux

Figure 50 : Différents types des poteaux métalliques.

Les poteaux sont des éléments sollicités principalement en compression simple, mais éventuellement en flexion composée sous l'effet de charges horizontales (vent, séisme...). Ces poteaux doivent, dans tous les cas, présenter une raideur transversale procurant la résistance au flambement. Ces conditions expliquent le choix usuel de sections ayant un rayon de giration important suivant chacune des directions principales d'inertie.

Dans notre projet, nous avons adopté à réaliser les poteaux par des profilés laminés en HEA.

2.5 Pieds de poteaux

La charge de compression peut être transmise au béton de fondation par une simple platine soudée à l'extrémité inférieure du poteau pour bien répartir les pressions sur le béton.

Les platines doivent être suffisamment épaisses ou comportent des raidisseurs. Et pour absorber également les efforts de soulèvement on utilise des boulons d'ancrage noyés dans le béton de fondation.

On utilise également des boulons d'ancrage noyés dans le béton de fondation pour maintenir le poteau en position afin de résister aux éventuels efforts d'arrachement.

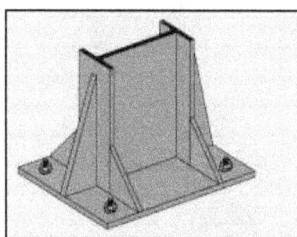

Figure 51 : Pieds de poteau encastré

Dans ce projet, nous avons retenu une liaison d'encastrement pour le pied des poteaux. En effet, cet encastrement interdit tout mouvement de translation ou de rotation. Une liaison par encastrement rend les éléments capables de reprendre un important moment de flexion en plus des efforts verticaux et horizontaux.

Chapitre 2: Evaluation des charges

1. Introduction

Pour concevoir et calculer une structure il faut examiner obligatoirement la forme et la grandeur des charges et des actions suivantes :

- Poids propre (structure porteuse et élément non porteurs)
- Charges utiles dans le bâtiment (charges d'exploitations)
- Actions climatiques et indirectes (neige, vent et température)
- Actions accidentelles (les séismes)

2. Evaluation des charges permanentes

On entend par charges permanentes les actions susceptibles d'agir tout au long de la vie d'un ouvrage. Ces charges permanentes sont donc composées :

- Du poids propre des éléments porteurs et secondaires
- Des poids des équipements et installations susceptibles de demeurer durant toute la vie de l'ouvrage.

Terrasses	Kg/m^2
Revêtement+mortier de pose ép =6cm	115
Faux plafond ép=2cm	40
Isolent de la couverture	10
Etanchéité de la couverture	12
Charges du Plafond :(électricité, eau, chauffage et ventilation)	10
Tôle d'acier Nervurée	10
Total	200
Locaux intérieurs	Kg/m2
Revêtement+mortier de pose ép =6cm	115
Faux plafond ép=2cm	20
Tôle d'acier Nervurée	10
Total	150
Escalier	250
Machinerie et équipement avec socle	500
Poids propre du béton armé	$2500 \ kg/m^3$
Solive en IPE	150

Tableau 12 : Les différentes charges permanentes appliquées à la structure.

3. Evaluation des charges d'exploitation

On entend par charges d'exploitations les charges résultant de l'usage des locaux. Les charges normales d'exploitation sont relatives :
- Aux surcharges d'occupation humaine sur surfaces horizontales (planchers), aux garde-corps.
- Aux surcharges d'entretien : sur-couvertures de charpentes, terrasses.

Terrasses	Kg/m^2
zone inaccessible	100
zone accessible	150
zone technique	500
Locaux intérieurs	
Chambres/sanitaires	150
Balcons	350
restaurants/salons	250
salle de jeu/cuisine	500
dépôts de cuisine	600
Parking	250
Escalier	250

Tableau 13 : Les différentes charges d'exploitation appliquées à la structure.

4. Evaluation des charges climatiques

4.1 Introduction

La surface terrestre est caractérisée par différents niveaux d'absorbations de l'énergie solaire ainsi que réchauffement et de pression dans l'atmosphère.

Le déplacement de l'aire tend à éliminer ces déséquilibres de pression, par conséquent il produit un mouvement de masse d'aire appelé « VENT » qui par ailleurs conditionnée également par le relief terrestre.

Les actions du vent appliquées aux parois dépendant de :
- La direction.
- L'intensité.
- La région
- Le site d'implantation de la structure et leur environnement.
- la forme géométrique et les ouvertures qui sont continue par la structure

Les estimations de l'effet de vent se feront on appliquant le règlement Neige et Vent « NV 65».

4.2 Calcul du vent

4.2.1 Généralités et définitions

On admet que le vent a une direction d'ensemble moyenne horizontale, mais qu'il peut venir de n'importe quel côté. L'action du vent sur un ouvrage et sur chacun de ses éléments dépend des caractéristiques suivantes :

- Vitesse du vent.
- Catégorie de la construction et de ses proportions d'ensemble.
- Configuration locale du terrain (nature du site).
- Position dans l'espace : (constructions reposants sur le sol ou éloignées du sol).
- Perméabilité de ses parois : (pourcentage de surface des ouvertures dans la surface totale de la paroi).

4.2.2 Détermination de la pression de calcul du vent

Les actions dues au vent se manifestent par des pressions exercées normalement aux surfaces (qui, pour des constructions basses sont souvent admises uniformes). Ses pressions peuvent être positives (surpression intérieure ou, tout simplement, pression) ou négatives (dépression intérieure ou succion).

On définit par pression dynamique, la pression qu'exerce le vent sur un élément placé normalement par rapport à la direction de l'écoulement d'air, lorsque la vitesse du filet d'air qui frappe l'élément vient s'annuler.

La pression s'exerçant à prendre en compte dans les calculs est donnée par :

$$W = q_{10} \times K_s \times K_m \times K_h \times \beta \times \delta \times (C_e - C_i)$$

Avec :
- q_{10} : pression dynamique de base à 10 m
- K_h : est un coefficient correcteur du à la hauteur au dessus du sol.
- K_s : est un coefficient qui tient compte de la nature du site ou se trouve la construction considérée.
- K_m : est le coefficient de masque.
- β : est le coefficient de majoration dynamique.
- δ : est un coefficient de réduction des pressions dynamiques.
- Ce et Ci sont les coefficients de pression extérieure et intérieure

Le détail de calcul du vent est représenté sur l'Annexe10 (Page 116).

Chapitre 3: Pré-dimensionnement des éléments de la structure

4. Généralité sur Eurocode3

1.1 Objectif

Le règlement Eurocode3 a pour objet la codification du dimensionnement par le calcul et des vérifications des structures des bâtiments à ossature en acier. Ce document :

- Ne traite pas directement l'exécution des travaux de construction en acier.
- Ne définit que des exigences relatives à la résistance mécanique, à l'aptitude au service et à la durabilité des structures.
- Il ne traite pas les exigences relatives à la sécurité parasismique.
- Il ne traite pas les exigences relatives à la protection anti-feu.

1.2 Domaine d'application

Ce document contient des principes, des règles et des commentaires applicables principalement aux bâtiments courants respectant les limites imposées dans les sections ci-dessous.

- Les bâtiments courant sont par convention ceux dans lesquels les charges d'exploitation sont modérées (bâtiments à usage d'habitation ou d'ébergement, à usage de bureaux, les constructions scolaires et hospitalières, les bâtiments a usage commercial tel que les magasins.

- Les structures fabriquées à partir de produits de construction en acier laminés à chaud à l'exception des nuances d'acier à haut résistance.

1.3 Classification des sections transversales

Afin de classifier les sections, l'Eurocode3 a proposé quatre classes des sections transversales. Les critères de classement sont l'élancement des parois, la résistance de calcul, la capacité de rotation plastique etc... Les classes sont explicitées dans le tableau suivant :

Classe 1	classe la plus performante	sections transversales pouvant atteindre leur résistance plastique, sans risque de voilement local, et possédant une capacité de rotation importante pour former une rotule plastique
Classe 2	classes intermédiaires	sections transversales pouvant atteindre leur résistance plastique, sans risque de voilement local, mais avec une capacité de rotation limitée
Classe 3		sections transversales pouvant atteindre leur résistance élastique en fibre extrême, mais non leur résistance plastique, du fait des risques de voilement local
Classe 4	classe la plus fragile	sections transversales ne pouvant atteindre leur résistance élastique, du fait des risques de voilement local

Tableau 14 : Classifier des sections suivant l'Eurocode3.

1.4 Coefficient partiel de sécurité

Le coefficient partiel de sécurité γ_M pour les matériaux doit être prise égal aux valeurs suivantes :

- Section de classe (1, 2,3) : $\gamma_{M0} = 1$
- Section de classe (4) : $\gamma_{M1} = 1.1$
- Sections nettes au droit des trous : $\gamma_{M2} = 1.25$
- Cas des états limites ultimes des éléments : $\gamma_{M1} = 1.1$

1.5 Valeurs limites des flèches

Les structures en acier doivent êtres dimensionnées de manière que les flèches restent dans les limites appropriées à l'usage et à l'occupation envisagés du bâtiment et à la nature des matériaux de remplissage devant être supportés.

Les valeurs limites recommandées de flèches verticales sont indiquées dans le tableau ci- dessous :

Conditions	Flèche limite
Planchers en général	L/250
Planchers et toitures supportant des cloisons en plâtre ou en autres matériaux fragiles ou rigides	L/250
Planchers supportant des poteaux (à moins que la flèche ait été incluse dans l'analyse globale de l'état limite ultime	L/400

Tableau 1 : Valeur limites de la flèche suivant l'Eurocode3.

5. Pré-dimensionnement des éléments

2.1 Les solives

2.1.1 Espacement entre les solives

Les solives sont des poutrelles en IPE qui travaillent en flexion simple leur écartement (la distance entre une solive et l'autre) est pratiquement déterminé par l'équation suivante : $0.7 \leq L \leq 1.5$

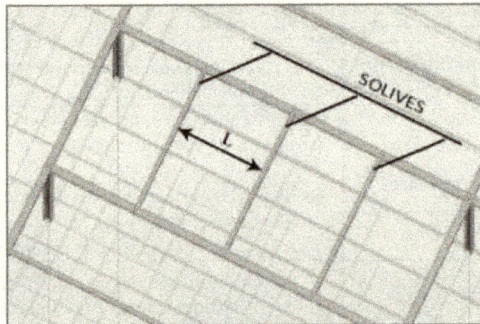

Figure 52 : Espacement entre les solives.

2.1.2 Condition de la flèche

La flèche doit satisfaire la condition suivante : $f_{max} \leq f_{limite}$

Avec : $$f_{max} = \frac{PL^4}{384\,EI} \quad \text{et} \quad f_{limite} = \frac{L}{250}$$

Le calcul se fait à ELS pour cela on prend les charges non pondérées. Donc le profilé sera choisi à partir de l'équation suivante :

$$I_y \geq \frac{5\,PL^3 \times 250}{384\,E}$$

Avec E est le module d'élasticité = 210 x 10^6 KPa.

Les tableaux suivants résument les profilés choisis pour toute la structure :

5ème et 6ème étage

l(m)	G (kN/m2)	Q (kN/m2)	L(m)	Ps (kN/m)	I_y (cm4)	Profilée choisi
7.12	5,5	1.5	1.21	8.47	4738.95	IPE270
2.06	5,5	1.5	1.21	8.47	114.75	IPE100
6.04	5,5	1.5	1.21	8.47	2893.00	IPE240
5.13	5,5	1.5	1.21	8.47	1772.50	IPE200

Tableau 16 : Profilés choisis pour les solives du 5ème et 6ème étage.

RDC, Mezzanine et étages courants

l(m)	G (kN/m2)	Q (kN/m2)	L(m)	Ps (kN/m)	I_y (cm4)	Profilée choisi
7.26	5,5	1.5	1.21	8.47	5024.00	IPE270
7.86	5,5	1.5	1.21	8.47	6375.45	IPE300

Tableau 17 : Profilés choisis pour les solives du RDC, Mezzanine et étages courants.

Sous sols

l(m)	G (kN/m2)	Q (kN/m2)	L(m)	Ps (kN/m)	I_y (cm4)	Profilée choisi
5.14	5,5	2.5	1.21	8,47	1782.90	IPE200
5.65	5,5	2.5	1.21	8,47	2368.00	IPE220

Tableau 18 : Profilés choisis pour les solives des sous sols.

2.1.3 La classe de la section transversale

La semelle comprimée

Principe : On compare C/tf avec la valeur 10*ξ avec : ξ=1 et C=b/2

Profilé	B (mm)	Tf (mm)	C = b/2	C/tf	10*ξ(ξ=1)	Classe
IPE100	55	5,70	27,5	4,825	10	1
IPE200	100	8,5	50	5,882	10	1
IPE220	110	9,20	55,000	5,978	10	1
IPE240	120	9,8	60	6,122	10	1
IPE270	135	10,2	67,500	6,618	10	1
IPE300	150	10,7	75,000	7,009	10	1

Tableau 19 : Classe de la semelle comprimée profilé IPE.

Ame fléchie

Principe : On compare d/tw avec la valeur 72*ξ avec : ξ=1 et C=b/2

Profilé	d(mm)	tw(mm)	d/tw	72*ξ(ξ=1)	Classe
IPE100	74,60	4,1	18,195	72	1
IPE200	159,0	5,6	28,39	72	1
IPE220	177,6	5,9	30,102	72	1
IPE240	190,4	6,2	30,709	72	1
IPE270	219,6	6,6	33,273	72	1
IPE300	248,6	7,1	35,014	72	1

Tableau 20 : Classe de l'âme fléchie profilé IPE.

La section globale étant de classe 1, donc le calcul peut être amené à la plasticité.

2.1.4 Condition de la résistance

La relation suivant doit être vérifiée à l'état limite ultime : $\quad M_{Ed,y} \leq M_{Rd,pl,y}$

Avec : $\qquad M_{Ed,y} = \dfrac{P_u l^2}{8} \quad$ et $\quad M_{Rd,pl,y} = \dfrac{f_y \times W_{pl,y}}{\gamma_{M0}}$

Le tableau suivant résume les résultats obtenus pour la vérification de la résistance :

Profilé	Pu (KN/m)	l (m)	$W_{pl,y}$ (cm³)	M_{Ed} (KN.m)	$M_{Rd,pl,y}$ (KN.m)	Résultat
IPE100	11,70	2.06	39,41	6,209	9,259	OK
IPE200	11,70	5.13	220,60	38,488	51,841	OK
IPE220	13,52	5.65	285,40	53,956	67,069	OK
IPE240	11,70	6.04	366,60	53,354	86,151	OK
IPE270	11,70	7.26	484,00	77,084	113,740	OK
IPE300	11,70	7.86	628,40	90,352	147,674	OK

Tableau 21 : Résultats de la vérification de la résistance.

La condition de la résistance est vérifiée pour tous les profilés.

2.2 Les poutres

On va faire le Pré-dimensionnement des poutres #2448 et #2589.

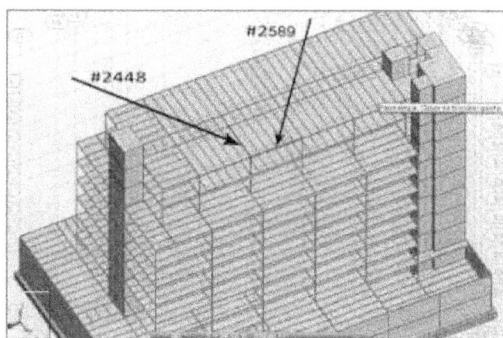

Figure 53 : Les poutres #2448 et #2589.

2.2.1 Condition de la flèche

Le tableau suivant résume les profilés choisis pour les poutres #2448 et #2474 :

poutres	l(m)	G (kN/m2)	Q (kN/m2)	L(m)	Ps (kN/m)	I_y (cm4)	Profilée choisi
#2448	6.04	10.5	1.5	7.26	72.6	24797.44	HEA340
#2589	7.26	10.5	1.5	3.02	36.24	21495.99	HEA320

Tableau 22 : Profilés choisis pour les poutres #2448 et #2589.

2.2.2 Condition de la résistance

La section globale des profilés de HEA320 et HEA340 est de classe1, donc le calcul peut être amené à la plasticité.

Le tableau suivant résume les résultats obtenus pour la vérification de la résistance :

Profilé	Pu (KN/m)	l (m)	$W_{pl,y}$ (cm³)	M_{Ed} (KN.m)	$M_{Rd,pl,y}$ (KN.m)	Résultat
HEA320	49.60	7.26	1628	326.78	382.58	OK
HEA340	119.24	6.04	1850	543.75	434.75	NON

Tableau 23 : Résultats de la vérification de la résistance.

On remarque que la condition de la résistance n'est pas vérifiée pour le profilé HEA340, donc on prend HEA400 et on recalcule la résistance :

Profilé	Pu (KN/m)	l (m)	$W_{pl,y}$ (cm³)	M_{Ed} (KN.m)	$M_{Rd,pl,y}$ (KN.m)	Résultat
HEA400	119.24	6.04	2562	543.75	602.07	OK

Tableau 24 : Recalcule de la résistance pour le profilé HEA400.

En résumé, la condition de la résistance est vérifiée pour tous les profilés HEA320 et HEA400.

2.3 Les poteaux

On va faire le Pré-dimensionnement du poteau A17.

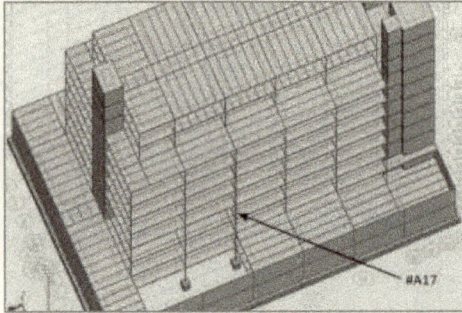

Figure 54 : Poteau A17.

2.3.1 Descente de charges

Les surfaces de chargement des poteaux sont considérées des surfaces rectangulaires pour simplifier les calculs.

Niveau	Surface (m2)	G (Kg/m2)	Q (Kg/m2)	G(KN)	Q(KN)
Etage courant et RDC	26.64	1050	150 / 250	279.72	39.96 / 66.6
Mezzanine	13.32	900	600	119.88	79.92
Sous sols	42.09	1100	250 / 500	462.99	105.22 / 210.45

Tableau 25 : Valeurs des efforts normaux sur le poteau A17 par niveau.

Les résultats finals de la descente de charges sont représentés sur le tableau suivant :

Niveau	G(KN)	Q(KN)
4ème étage	279.72	39.96
3ème étage	559.44	79.92
2ème étage	839.16	119.88
1^{ier} étage	1118.88	159.84
RDC	1398.6	226.44
Mezz	1518.48	306.36
1^{ier} sous sol	1981.47	411.58
2ème sous sol	3141.84	684.23

Tableau 26 : Récapitulation de la descente de charges pour le poteau A17 par niveau.

2.3.2 Pré-dimensionnement

Les poteaux sont des éléments verticaux qui transmettre les efforts extérieurs provenant des charges permanentes, de la neige et de la surcharge d'exploitation aux fondations.

Les poteaux sont sollicités en compression axiale, la valeur de calcul N_{Ed} de l'effort de compression dans chaque section transversale doit satisfaire à la condition :

$$N_{ED} \leq N_{Rd,pl} = \frac{f_y \times A}{\gamma_{M0}}$$

Niveau	G (kN)	Q (kN)	N_{Ed} (kN)	A (cm²)	Profilée choisi
4ème étage	279.72	39.96	437.56	18.61	HEA200
3ème étage	559.44	79.92	875.12	37.24	HEA200
2ème étage	839.16	119.88	1312.68	55.85	HEA220
1ier étage	1118.88	159.84	1750.24	74.47	HEA240
RDC	1398.6	226.44	2227.77	96.92	HEA280
Mezz	1518.48	306.36	2509.48	106.78	HEA300
1ier sous sol	1981.47	411.58	3292.35	140.1	HEA360
2ème sous sol	3141.84	684.23	5267.83	224.16	HEA600

Tableau 27 : Profilés choisis pour le poteau #A17.

2.3.3 Vérification de flambement

Selon l'Eroucode3 il n'y a aucun risque de flambement si $\bar{\lambda} < 0.2$

Avec : $\bar{\lambda} = \dfrac{L_{cr,y}}{i_y \times \lambda_1}$ et $\lambda_1 = \pi \sqrt{\dfrac{E}{f_y}}$

Profilé	i_y (mm)	L_0(m)	L_{cr}(m)	λ1	$\bar{\lambda}$	Résultat
HEA200	82,8	3,1	1,55	93,8654	0.199	Pas de risque de flambement
HEA220	91,7	3,1	1.55	93,8654	0.180	Pas de risque de flambement
HEA240	100,5	3,1	1.55	93,8654	0.164	Pas de risque de flambement
HEA280	118,6	3,1	1.55	93,8654	0.139	Pas de risque de flambement
HEA300	127,4	3,1	1.55	93,8654	0.129	Pas de risque de flambement
HEA360	152,2	3,1	1.55	93,8654	0.108	Pas de risque de flambement
HEA600	249,7	3,1	1.55	93,8654	0.066	Pas de risque de flambement

Tableau 28 : Vérification du flambement.

En résumé, la résistance au flambement est bien vérifiée.

Chapitre 4: Etude dynamique, sismique et étude du vent

1. Résultats du calcul générer par RSA

1.1 Analyse modale

Dans un premier temps nous avons commencé l'analyse avec un nombre de 10 modes, la participation des masses est inférieure à 90%, on a augmenté ce nombre jusqu'à 27, les résultats de la masse participante du bâtiment était comme suit :

Mode	Fréquence [Hz]	Période [sec]	Masses Cumulées participantes %	
			(Direction X)	(Direction Y)
1	2.01	0.50	1.44	30.56
5	10.55	0.09	72.52	62.36
10	15.52	0.06	72.59	82.53
15	19.79	0.05	78.21	88.67
20	23.57	0.04	78.73	91.02
21	24.07	0.04	78.76	91.07
22	24.92	0.04	80.18	91.46
23	25.60	0.04	82.90	91.83
24	25.80	0.04	84.33	92.55
25	26.31	0.04	85.43	92.72
26	29.93	0.03	86.03	92.73
27	30.53	0.03	90.96	92.98

Tableau 29 : Résultat de l'analyse modale pour 27 modes.

1.2 Présentation des modes propres

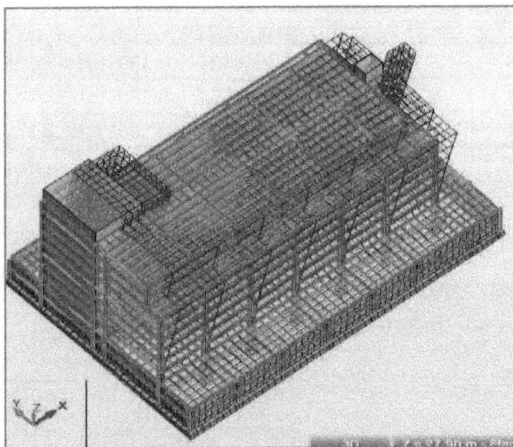

Figure 55 : Mode 1 - Translation suivant l'axe X.

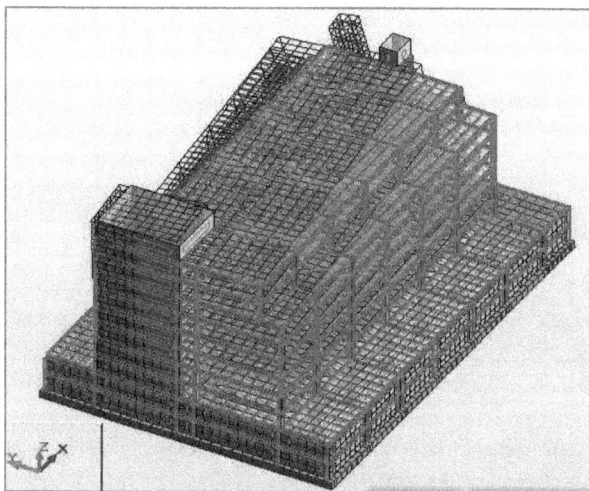

Figure 56 : Mode 2 - Translation suivant l'axe Y.

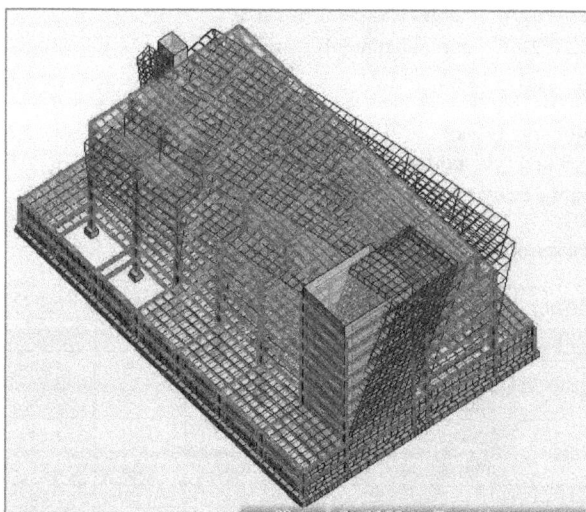

Figure 57 : Mode 3 - Torsion.

1.3 Vérification des déformations

1.3.1 Déplacements latéraux du bâtiment

Le déplacement latéral total du bâtiment Δg doit être limité à Δg_{limite} = 0.004.H. Pour notre structure Δg_{limite} = 0,004 × 2790 = 11.26 cm, avec H est la hauteur totale de la structure.

Sens sismique	Déplacement	Déplacement latéral max (cm)	Déplacement latéral max limite (cm)
X	Ux	0.79	11.16
	Uy	0.61	11.16
Y	Ux	0.66	11.16
	Uy	2.49	11.16

Tableau 30 : Vérification de déplacements latéraux.

Conclusion : les déplacements latéraux calculés sont largement inférieurs aux déplacements limites requis par le règlement RPS 2000.

1.3.2 Déplacements inter- étages

Selon l'article 8-4 alinéa b) du RPS 2000 Les déplacements latéraux inter-étages évalués à partir des actions de calcul doivent être limités à :

- $K. \Delta_{el} \leq 0.007h$ Pour les bâtiments de classe I
- $K. \Delta_{el} \leq 0.010h$ Pour les bâtiments de classe II

Avec :

✓ h : la hauteur de l'étage ;
✓ K : coefficient du comportement.

Notre structure étant de classe II et de coefficient du comportement égale a 1,4.

Les déplacements inter-étages ont été calculés par le logiciel RSA.

Niveau	Hauteur (m)	Déplacement Δ (cm)	séisme suivant X		séisme suivant Y		Déplacement limite Δl (cm)
			U X	U Y	U X	U Y	
Terrasse	3.10	global	0.79	0.61	0.66	2.49	2.21
		inter-étages	0.07	0.07	0.06	0.26	
6ème étage	3.10	global	0.72	0.54	0.60	2.23	2.21
		inter-étages	0.08	0.06	0.08	0.27	
5ème étage	3.10	global	0.64	0.48	0.52	1.96	2.21
		inter-étages	0.08	0.07	0.11	0.26	
4ème étage	3.10	global	0.56	0.41	0.41	1.70	2.21
		inter-étages	0.09	0.07	0.06	0.29	
3ème étage	3.10	global	0.47	0.34	0.35	1.41	2.21
		inter-étages	0.1	0.08	0.04	0.30	
2ème étage	3.10	global	0.37	0.26	0.31	1.11	2.21
		inter-étages	0.09	0.07	0.11	0.30	

Niveau	Hauteur		global	0.28	0.19	0.20	0.81	

1ᵉʳ étage	3.10	global	0.28	0.19	0.20	0.81	2.21
		inter-étages	0.09	0.07	0.08	0.30	
RDC	3.10	global	0.19	0.12	0.12	0.51	2.21
		inter-étages	0.08	0.06	0.03	0.26	
Mezz	3.10	global	0.11	0.06	0.09	0.25	2,21
		inter-étages	0.11	0.06	0.09	0.25	

Tableau 31 : Vérification des déplacements inter-étages.

Conclusion : les déplacements inter-étages calculés sont largement inférieurs aux déplacements limites requis par le règlement RPS 2000.

1.3.3 Stabilité au renversement

Selon l'article 8-2-3 du RPS 2000 La structure doit être dimensionnée pour résister aux effets de renversement dû aux combinaisons des actions de calcul.

Pour vérifier la stabilité de la structure au renversement on calcul l'indice de stabilité θ :

$$\theta = \frac{K.W.depmax}{V.h}$$

Avec :
- ✓ h : la hauteur de l'étage.
- ✓ K : coefficient du comportement.
- ✓ w : poids de l'étage considéré.
- ✓ Depmax : déplacement relatif.
- ✓ V : action sismique au niveau considéré.

La stabilité est considéré satisfaite si : $\theta \leq 0.10$

Niveau	Hauteur (m)	Poids (KN)		séisme suivant X		séisme suivant Y		Indice de stabilité
				X	Y	X	Y	
6ᵉᵐᵉ étage	3.10	3267.90	V (KN)	1143.35	254.55	313.51	1091.93	0.0036
			Depmax (cm)	0.08	0.06	0.08	0.27	
5ᵉᵐᵉ étage	3.10	3103.28	V (KN)	1818.01	412.8	508.48	1710.24	0.0021
			Depmax (cm)	0.08	0.07	0.11	0.26	
4ᵉᵐᵉ étage	3.10	3971.83	V (KN)	2587.27	601.59	756.64	2426.96	0.0021
			Depmax (cm)	0.09	0.07	0.06	0.29	
3ᵉᵐᵉ étage	3.10	3870.19	V (KN)	3251.34	757.26	975.17	3047.11	0.0017
			Depmax (cm)	0.1	0.08	0.04	0.30	
2ᵉᵐᵉ étage	3.10	3855.92	V (KN)	3879.11	897.54	1168.5	3584.3	0.0014
			Depmax (cm)	0.09	0.07	0.11	0.30	
1ᵉʳ étage	3.10	3871.85	V (KN)	4469.61	1026.04	1344.7	4107.07	0.0012
			Depmax (cm)	0.09	0.07	0.08	0.30	

RDC	3.10	3950.08	V (KN)	5014.51	1136.98	1510.4	4618.69	0.0010
			Depmax (cm)	0.08	0.06	0.03	0.26	
Mezz	3.10	3399.14	V (KN)	5401.67	1221.95	1628.03	5021.84	0.0007
			Depmax (cm)	0.11	0.06	0.09	0.25	

Tableau 32 : Calcul de l'indice de stabilité au renversement.

Conclusion : les indices de stabilité calculés pour chaque étage sont largement inférieurs au 0.10. Selon le RPS 2000, la stabilité au renversement de la structure est vérifiée.

1.4 Comparaison entre les efforts dus au vent et les efforts dus au séisme

Les efforts dus au séisme

FX [kN]	FY [kN]	FZ [kN]	MX [kNm]	MY [kNm]	MZ [kNm]
659.95	19.16	114.87	0.06	87.65	13.06

Tableau 33 : Effort extrêmes maximums dus au séisme suivant X.

FX [kN]	FY [kN]	FZ [kN]	MX [kNm]	MY [kNm]	MZ [kNm]
873.88	28.95	92.21	0.23	103.61	44.39

Tableau 34 : Effort extrêmes maximums dus au séisme suivant Y.

Les efforts dus au vent

FX [kN]	FY [kN]	FZ [kN]	MX [kNm]	MY [kNm]	MZ [kNm]
194.16	14.03	55.61	00.00	14.17	07.14

Tableau 35 : Effort extrêmes maximums dus au vent suivant X.

FX [kN]	FY [kN]	FZ [kN]	MX [kNm]	MY [kNm]	MZ [kNm]
89.17	27.05	63.01	0.03	69.38	41.13

Tableau 36 : Effort extrêmes maximums dus au vent suivant Y.

En comparant les efforts extrêmes engendrés par les cas de charges relatifs au vent et au séisme, il est clair que les efforts du séisme sont supérieurs aux efforts du vent.

Conclusion : Les éléments structuraux seront dimensionnés vis-à-vis les sollicitations sismiques.

Chapitre 5 : Dimensionnement et vérification des éléments structuraux

1. Introduction

Dans la phase de pré-dimensionnement des éléments, on a supposé que les poteaux travaillent en compression simple et que les poutres travaillent en flexion simple, alors que ce n'est pas le cas, de ce fait dès que on la structure est modélisée sur le logiciel RSA2012 on doit vérifier la stabilité de ces éléments vis-à-vis les sollicitations sismique qui engendrent des sollicitations composées.

2. Vérification et redimensionnement des éléments avec RSA2012

2.1 Les solives

Résultats	Messages						
Pièce	Profil	Matériau	Lay	Laz	Ratio	Cas
2568 Poutre_256	IPE 100	ACIER E36	50.12	164.28	0.46	4 ELU
2569 Poutre_256	IPE 100	ACIER E36	50.12	164.28	0.43	4 ELU
2570 Poutre_257	IPE 100	ACIER E36	50.12	164.28	0.43	4 ELU
2571 Poutre_257	IPE 100	ACIER E36	50.12	164.28	0.42	4 ELU
2572 Poutre_257	IPE 100	ACIER E36	50.12	164.28	0.42	4 ELU
2573 Poutre_257	IPE 100	ACIER E36	50.12	164.28	0.44	4 ELU
2574 Poutre_257	IPE 100	ACIER E36	50.12	164.28	0.41	4 ELU
2575 Poutre_257	IPE 100	ACIER E36	50.12	164.28	0.40	4 ELU
2576 Poutre_257	IPE 100	ACIER E36	50.12	164.28	0.38	4 ELU
2577 Poutre_257	IPE 100	ACIER E36	50.12	164.28	0.43	4 ELU
2578 Poutre_257	IPE 100	ACIER E36	50.12	164.28	0.43	4 ELU
2580 Poutre_258	IPE 240	ACIER E36	72.79	269.61	2.30	4 ELU
2581 Poutre_258	IPE 240	ACIER E36	72.79	269.61	1.91	4 ELU
2582 Poutre_258	IPE 240	ACIER E36	72.79	269.61	1.60	4 ELU
2583 Poutre_258	IPE 240	ACIER E36	72.79	269.61	1.03	4 ELU
2585 Poutre_258	IPE 240	ACIER E36	72.79	269.61	0.51	4 ELU
2586 Poutre_258	IPE 240	ACIER E36	72.79	269.61	0.66	4 ELU
2587 Poutre_258	IPE 240	ACIE				
2588 Poutre_258	IPE 240	ACIE				
2590 Poutre_259	IPE 240	ACIE				
2591 Poutre_259	IPE 240	ACIE				
2592 Poutre_259	IPE 240	ACIE				
2593 Poutre_259	IPE 240	ACIE				
2602 Poutre_260	IPE 270	ACIE				
2603 Poutre_260	IPE 270	ACIE				
2604 Poutre_260	IPE 270	ACIE				
2605 Poutre_260	IPE 270	ACIE				
2606 Poutre_260	IPE 270	ACIE				
2609 Poutre_260	IPE 240	ACIE				
2610 Poutre_261	IPE 240	ACIE				
2611 Poutre_261	IPE 240	ACIE				
2612 Poutre_261	IPE 240	ACIE				

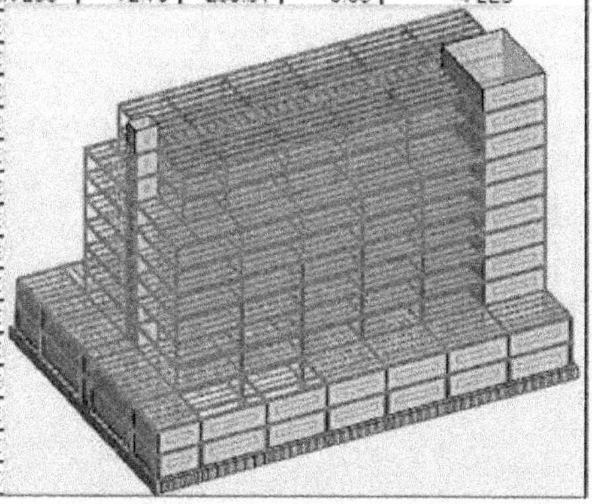

Figure 58 : Vérification des solives du dernier étage avec RSA2012.

On remarque que le profilé IPE240 choisit pour quelques solives ne convient pas, donc on doit le redimensionner :

Famille : 4 solive						
2580 Poutre_2580		IPE 300	ACIER	58.26	216.74	1.17
		IPE 330		52.96	204.62	0.88
		IPE 360		48.55	191.67	0.64

Figure 59 : Redimensionnement du profilé IPE240 avec RSA2012.

Pièce	Profil	Matériau	Lay	Laz	Ratio	Cas
2471 Poutre_247	IPE 330	ACIER	37.42	144.59	0.20	4 ELU
2472 Poutre_247	IPE 330	ACIER	37.42	144.59	0.27	4 ELU
2473 Poutre_247	IPE 330	ACIER	37.42	144.59	0.24	4 ELU
2474 Poutre_247	IPE 330	ACIER	37.42	144.59	0.08	4 ELU
2487 Poutre_248	IPE 330	ACIER	37.42	144.59	0.07	4 ELU
2488 Poutre_248	IPE 330	ACIER	37.42	144.59	0.22	4 ELU
2489 Poutre_248	IPE 330	ACIER	37.42	144.59	0.26	4 ELU
2490 Poutre_249	IPE 330	ACIER	37.42	144.59	0.26	4 ELU
2491 Poutre_249	IPE 330	ACIER	37.42	144.59	0.20	4 ELU
2527 Poutre_252	IPE 330	ACIER	52.96	204.62	0.26	4 ELU
2528 Poutre_252	IPE 330	ACIER	52.96	204.62	0.48	4 ELU
2529 Poutre_252	IPE 330	ACIER	52.96	204.62	0.54	4 ELU
2530 Poutre_253	IPE 330	ACIER	52.96	204.62	0.52	4 ELU
2531 Poutre_253	IPE 330	ACIER	52.96	204.62	0.40	4 ELU
2533 Poutre_253	IPE 330	ACIER	52.96	204.62	0.24	4 ELU
2534 Poutre_253	IPE 330	ACIER	52.96	204.62	0.46	4 ELU
2535 Poutre_253	IPE 330	ACIER	52.96	204.62	0.53	4 ELU
2536 Poutre_253	IPE 330	A				
2537 Poutre_253	IPE 330	A				
2539 Poutre_253	IPE 330	A				
2540 Poutre_254	IPE 330	A				
2541 Poutre_254	IPE 330	A				
2542 Poutre_254	IPE 330	A				
2543 Poutre_254	IPE 330	A				
2545 Poutre_254	IPE 330	A				
2546 Poutre_254	IPE 330	A				
2547 Poutre_254	IPE 330	A				
2548 Poutre_254	IPE 330	A				
2549 Poutre_254	IPE 330	A				
2551 Poutre_255	IPE 330	A				
2552 Poutre_255	IPE 330	A				

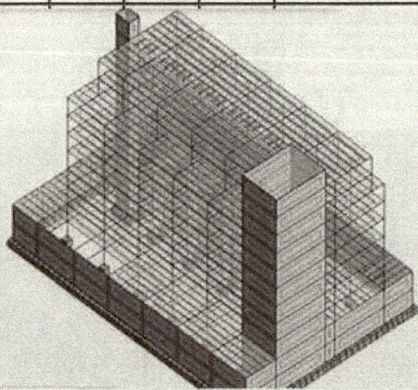

Figure 60 : Vérification de redimensionnement des solives du dernier étage avec RSA2012.

Donc le profilé IPE330 convient pour tous les solives du dernier étage.

2.1 Les poutres

Pièce	Profil	Matériau	Lay	Laz	Ratio	Cas
875 Poutre_875	HEA 320	ACIER E36	15.02	27.22	0.17	4 ELU
876 Poutre_876	HEA 320	ACIER E36	71.81	130.10	0.43	4 ELU
877 Poutre_877	HEA 320	ACIER E36	70.33	127.43	0.95	4 ELU
878 Poutre_878	HEA 320	ACIER E36	15.02	27.22	0.37	4 ELU
879 Poutre_879	HEA 320	ACIER E36	71.81	130.10	1.14	4 ELU
880 Poutre_880	HEA 320	ACIER E36	70.33	127.43	0.23	4 ELU
881 Poutre_881	HEA 320	ACIER E36	15.02	27.22	0.53	4 ELU
882 Poutre_882	HEA 320	ACIER E36	70.33	127.43	0.45	4 ELU
883 Poutre_883	HEA 320	ACIER E36	15.02	27.22	0.41	4 ELU
884 Poutre_884	HEA 320	ACIER E36	71.81	130.10	1.19	4 ELU
885 Poutre_885	HEA 320	ACIER E36	71.81	130.10	0.95	4 ELU
886 Poutre_886	HEA 320	ACIER E36	70.33	127.43	0.85	4 ELU
887 Poutre_887	HEA 320	ACIER E36	70.33	127.43	0.15	4 ELU
888 Poutre_888	HEA 320	ACIER E36	15.02	27.22	0.42	4 ELU
889 Poutre_889	HEA 320	ACIER E36	71.81	130.10	1.20	4 ELU
890 Poutre_890	HEA 320	ACIER E36	15.02	27.22	0.45	4 ELU
891 Poutre_891	HEA 320	ACIER E36	71.81	130.10	1.11	4 ELU
892 Poutre_892	HEA 320	ACIER E				
893 Poutre_893	HEA 320	ACIER E				
894 Poutre_894	HEA 320	ACIER E				
895 Poutre_895	HEA 320	ACIER E				
897 Poutre_897	HEA 320	ACIER E				
898 Poutre_898	HEA 320	ACIER E				
899 Poutre_899	HEA 320	ACIER E				
900 Poutre_900	HEA 320	ACIER E				
901 Poutre_901	HEA 320	ACIER E				
902 Poutre_902	HEA 320	ACIER E				
903 Poutre_903	HEA 320	ACIER E				
904 Poutre_904	HEA 320	ACIER E				
905 Poutre_905	HEA 320	ACIER E				
906 Poutre_906	HEA 320	ACIER E				

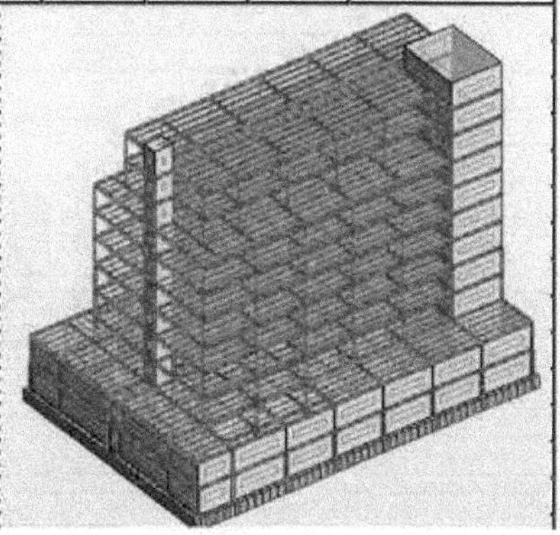

Figure 61 : Vérification des poutres avec RSA2012.

On remarque que le profilé HEA320 choisit pour quelques poutres ne convient pas, donc on doit le redimensionner :

Famille : 3 poutre principale					
1839 Poutre_1839	HEA 500		46.47	134.59	1.09
	HEA 550	ACIER	42.41	136.40	0.97
	HEA 600		39.05	138.20	0.87

Figure 62 : Redimensionnement du profilé HEA320 avec RSA2012.

Résultats | Messages

Pièce		Profil	Matèriau	Lay	Laz	Ratio	Cas
49 Poutre_49		HEA 550	ACIER	31.58	101.57	0.02	9 Sismique X 1
50 Poutre_50		HEA 550	ACIER	31.58	101.57	0.02	9 Sismique X 1
51 Poutre_51		HEA 550	ACIER	31.58	101.57	0.01	9 Sismique X 1
52 Poutre_52		HEA 550	ACIER	31.58	101.57	0.01	13 Sismique Y 1
53 Poutre_53		HEA 550	ACIER	31.58	101.57	0.02	8 Sismique R.P.S. 2
54 Poutre_54		HEA 550	ACIER	34.19	109.96	0.03	8 Sismique R.P.S. 2
55 Poutre_55		HEA 550	ACIER	22.40	72.05	0.01	8 Sismique R.P.S. 2
103 Poutre_103		HEA 550	ACIER	31.58	101.57	0.04	9 Sismique X 1
104 Poutre_104		HEA 550	ACIER	31.58	101.57	0.25	4 ELU
105 Poutre_105		HEA 550	ACIER	31.58	101.57	0.23	4 ELU
106 Poutre_106		HEA 550	ACIER	31.58	101.57	0.24	4 ELU
107 Poutre_107		HEA 550	ACIER	31.58	101.57	0.09	4 ELU
108 Poutre_108		HEA 550	ACIER	34.19	109.96	0.13	4 ELU
109 Poutre_109		HEA 550	ACIER	22.40	72.05	0.11	4 ELU
110 Poutre_110		HEA 550	ACIER	31.58	101.57	0.04	13 Sismique Y 1
111 Poutre_111		HEA 550	ACIER	31.58	101.57	0.19	4 ELU
112 Poutre_112		HEA 550	ACIER	31.58	101.57	0.16	4 ELU
113 Poutre_113		HEA 550	ACIER				
114 Poutre_114		HEA 550	ACIER				
116 Poutre_116		HEA 550	ACIER				
117 Poutre_117		HEA 550	ACIER				
118 Poutre_118		HEA 550	ACIER				
119 Poutre_119		HEA 550	ACIER				
120 Poutre_120		HEA 550	ACIER				
121 Poutre_121		HEA 550	ACIER				
123 Poutre_123		HEA 550	ACIER				
124 Poutre_124		HEA 550	ACIER				
125 Poutre_125		HEA 550	ACIER				
126 Poutre_126		HEA 550	ACIER				
127 Poutre_127		HEA 550	ACIER				
128 Poutre_128		HEA 550	ACIER				
129 Poutre_129		HEA 550	ACIER				

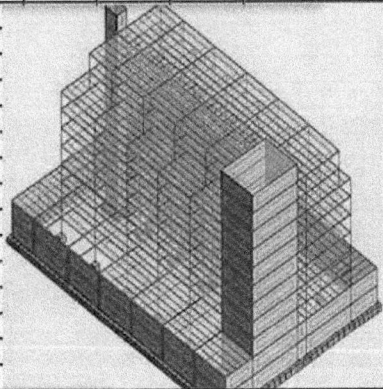

Figure 63 : Vérification de redimensionnement des poutres avec RSA2012.

Donc le profilé HEA550 convient pour tous les poutres de la structure.

La note de calcul de la poutre #2589 est représentée sur l'Annexe11 (Page 124).

2.1 Les poteaux

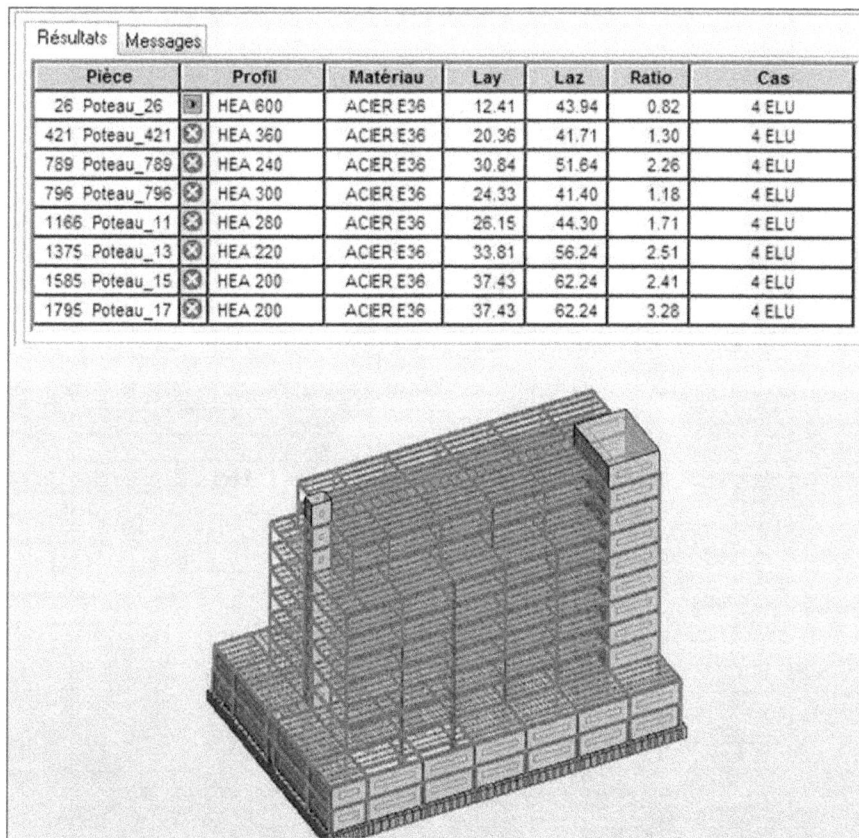

Figure 64 : Vérification du poteau A17 avec RSA2012.

On remarque que les profilés choisis pour tous les niveaux ne conviennent pas pour résister aux sollicitations appliquées sur le poteau en questions sauf le HEA600 au niveau du dernier sous sol. Donc on doit les redimensionner :

Pièce		Profil	Matériau	Lay	Laz	Ratio	Cas
Famille : 5 Poteaux-manuel							
		HEA 800		9.51	46.62	1.03	
421 Poteau_421		HEA 900	ACIER	8.54	47.68	0.94	4 ELU
		HEA 1000		7.76	48.79	0.89	

Figure 65 : Redimensionnement du poteau A17 avec RSA2012.

Pièce		Profil	Matériau	Lay	Laz	Ratio	Cas
1 Poteau_1		HEA 600	ACIER E36	12.41	43.94	0.04	9 Sismique X 1
2 Poteau_2		HEA 600	ACIER E36	12.41	43.94	0.07	9 Sismique X 1
3 Poteau_3		HEA 600	ACIER E36	12.41	43.94	0.06	13 Sismique Y 1
4 Poteau_4		HEA 600	ACIER E36	12.41	43.94	0.07	4 ELU
5 Poteau_5		HEA 600	ACIER E36	12.41	43.94	0.06	4 ELU
6 Poteau_6		HEA 600	ACIER E36	12.41	43.94	0.02	13 Sismique Y 1
7 Poteau_7		HEA 600	ACIER E36	12.41	43.94	0.06	4 ELU
8 Poteau_8		HEA 600	ACIER E36	12.41	43.94	0.17	4 ELU
9 Poteau_9		HEA 600	ACIER E36	12.41	43.94	0.12	9 Sismique X 1
10 Poteau_10		HEA 600	ACIER E36	12.41	43.94	0.76	4 ELU
11 Poteau_11		HEA 600	ACIER E36	12.41	43.94	0.76	4 ELU
12 Poteau_12		HEA 600	ACIER E36	12.41	43.94	0.03	4 ELU
13 Poteau_13		HEA 600	ACIER E36	12.41	43.94	0.04	4 ELU
14 Poteau_14		HEA 600	ACIER E36	12.41	43.94	0.68	4 ELU
15 Poteau_15		HEA 600	ACIER E36	12.41	43.94	0.86	4 ELU
16 Poteau_16		HEA 600	ACIER E36	12.41	43.94	0.97	4 ELU
17 Poteau_17		HEA 600	ACIER E36	12.41	43.94	0.81	4 ELU
18 Poteau_18		HEA 600	ACIER E36	12.41	43.94	0.02	4 ELU
19 Poteau_19		HEA 600	ACI				
20 Poteau_20		HEA 600	ACI				
21 Poteau_21		HEA 600	ACI				
22 Poteau_22		HEA 600	ACI				
23 Poteau_23		HEA 600	ACI				
24 Poteau_24		HEA 600	ACI				
25 Poteau_25		HEA 600	ACI				
26 Poteau_26		HEA 600	ACI				
27 Poteau_27		HEA 600	ACI				
28 Poteau_28		HEA 600	ACI				
29 Poteau_29		HEA 600	ACI				
30 Poteau_30		HEA 600	ACI				
31 Poteau_31		HEA 600	ACI				
32 Poteau_32		HEA 600	ACI				
33 Poteau_33		HEA 600	ACI				

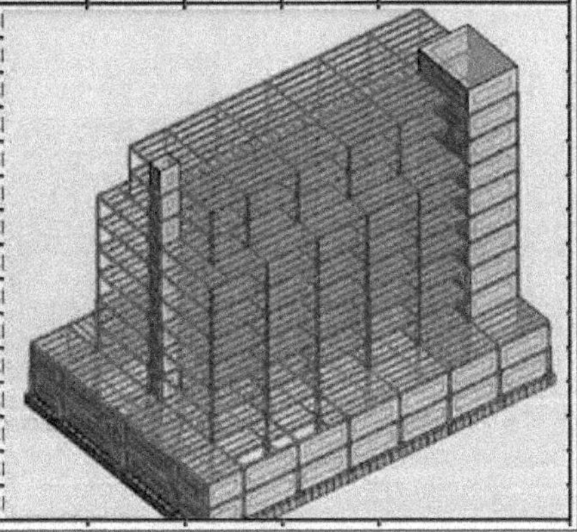

Figure 66 : Vérification de redimensionnement des poteaux avec RSA2012.

Donc le profilé HEA600 convient pour tous les poteaux de la structure.

La note de calcul du poteau A17 est représentée sur l'Annexe12 (Page 125).

3. Conclusion

On prend l'exemple de la poutre #2589 étudiée dans le chapitre 3.

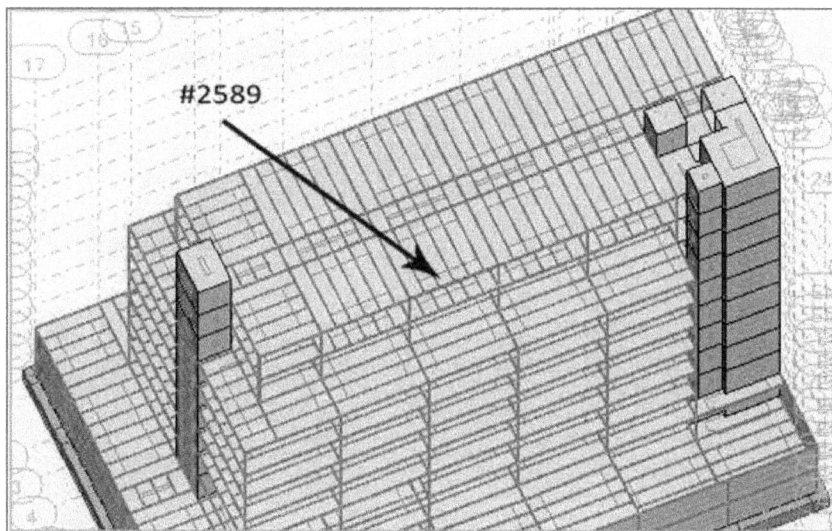

Figure 67 : La poutre #2589.

Dans un premier temps nous avons étudié la poutre statiquement à l'ELU et à l'ELS. Les moments maximums de flexion My se trouvent au milieu de la poutre via le chargement uniforme suivant Z.

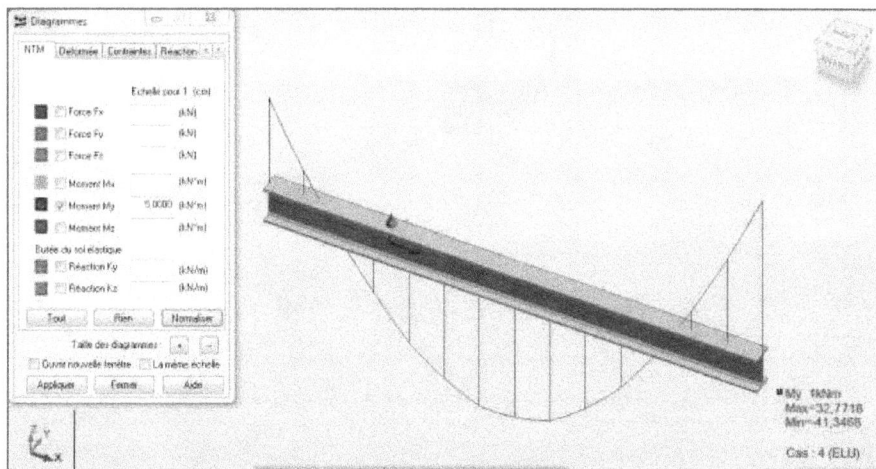

Figure 68 : Diagramme du moment My a l'ELU.

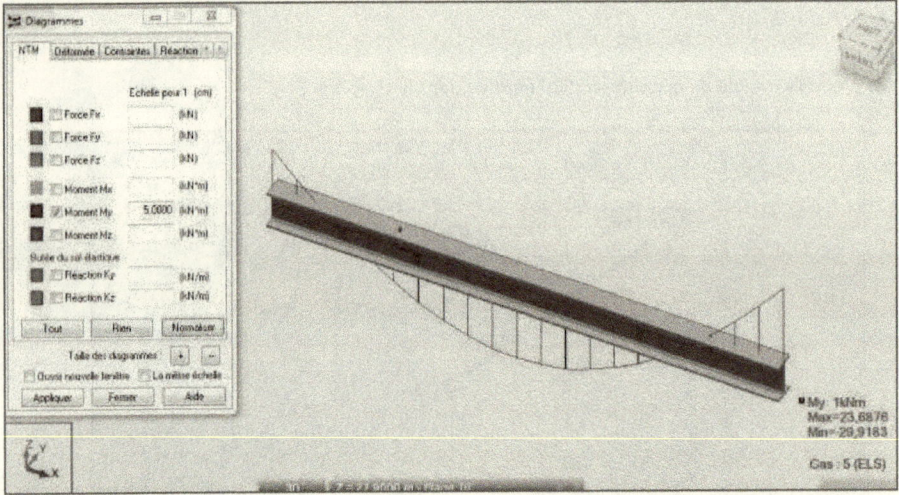

Figure 69 : Diagramme du moment My a l'ELS.

La présence des efforts Fx dans le cas sismique engendre un moment My maximal aux extrémités et nul au milieu de la poutre.

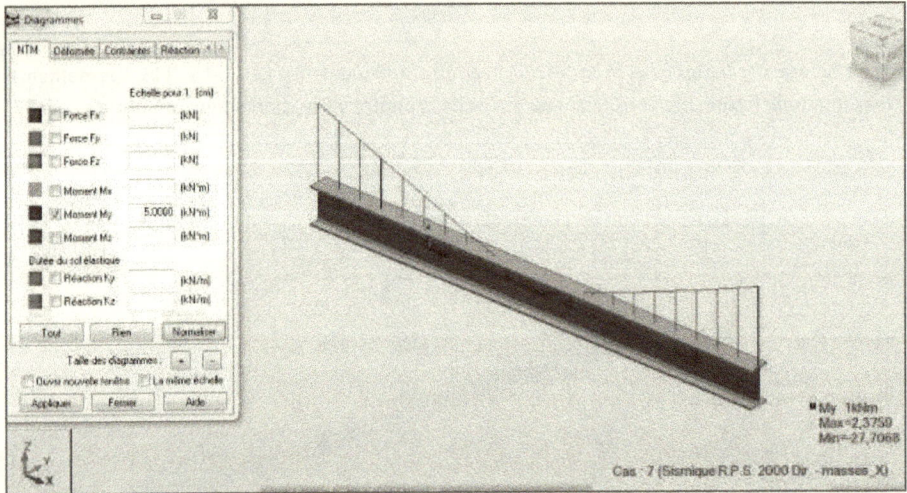

Figure 70 : Diagramme du moment My dus au séisme suivant X.

Les moments statiques et sismiques doivent être combinés selon les 8 combinaisons de Newmark afin de dimensionner la pièce sous la combinaison la plus défavorable. Le profilé choisis par ROBOT est le HEA550, il est claire que la flèche de cette poutre inferieur a la flèche limite qui est égale a L/250 = 726/250 = 2.9 cm.

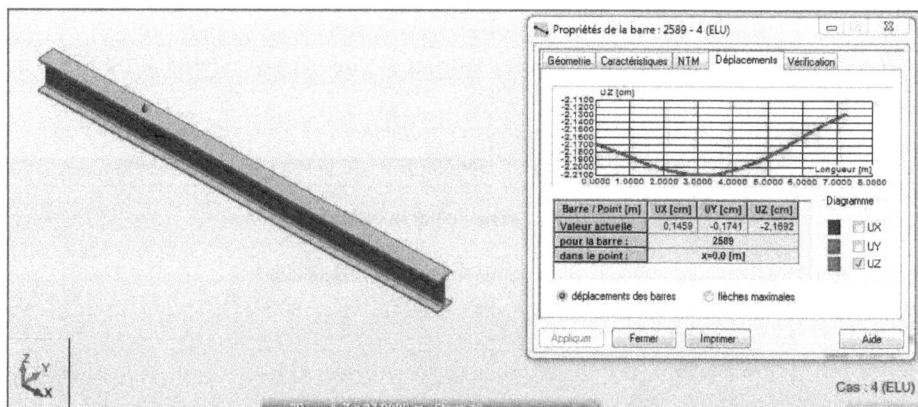

Figure 71 : Déplacement réel de la barre.

Chapitre 6 : Etude des assemblages

1. Introduction

Un assemblage est un dispositif qui permet de réunir et de solidariser plusieurs pièces entre elles, en assurant la transmission et la réparation des diverses sollicitations entre les pièces.

Pour conduire les calculs selon les schémas classiques de la résistance des matériaux, il y a lieu de distinguer parmi les assemblages :

- L'assemblage articulé, qui transmet uniquement les efforts normaux et les tranchants.
- L'assemblage encastré (dit rigide), qui transmet en outre les divers moments.

Pour notre projet, on choisit un assemblage rigide par boulonnage.

On présentera dans ce chapitre le calcul relatif aux assemblages rigides :

- Pied poteaux
- Poutre/poteau
- Solive/poutre

Le calcul des différents assemblages sera mené par le logiciel Robot.

2. Assemblage rigide pied poteaux

L'encastrement des pieds de poteaux doit être très rigide pour empêcher les mouvements de rotation et de translation des poteaux. Ce système nécessite des fondations plus importantes que le système articulé.

L'assemblage est assurer par des boulons précontraints appelés aussi boulons Haute Résistance de classe HR, son diamètre sera calculé par RSA2012.

Pour notre cas, l'assemblage des pieds des poteaux sera assuré par une embase constituée d'une platine et contre-platine posée directement sur la fondation en béton armé déjà préparée avec tiges d'ancrage scellées dans le béton armé.

La liaison poteau/platine est assurée par soudure et renforcée par des raidisseurs dans un sens pour les poteaux HEA, la figure ci-dessous montre la conception de l'assemblage.

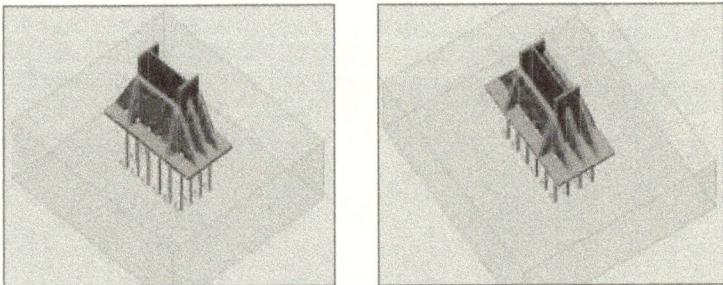

Figure 72 : Vu de l'assemblage du pied de poteau A17.

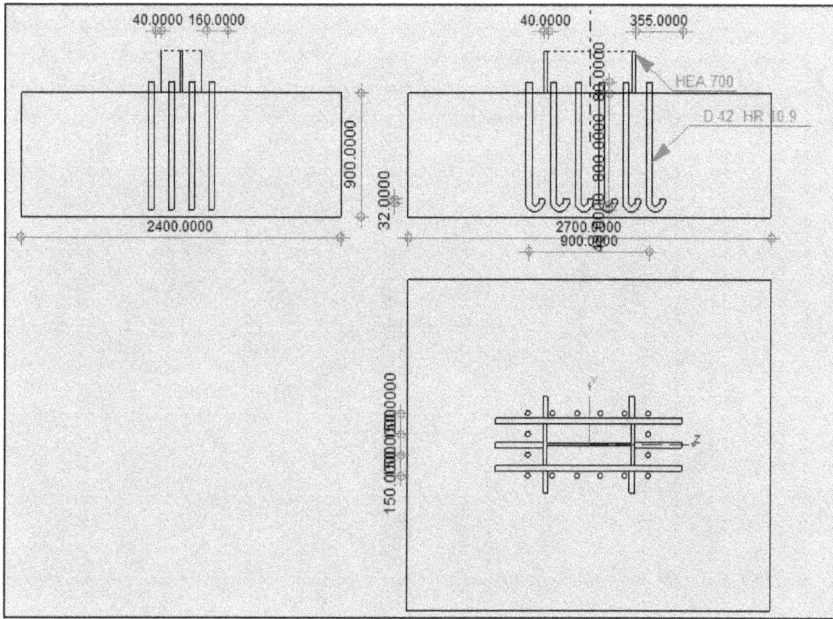

Figure 73 : Schéma de l'assemblage avec RSA2012.

Nous avons utilisé 4 rangés et 6 colonnes constitués des boulons HR de diamètre 40mm, l'épaisseur de la platine à étais prise de 60mm.

La note de calcul de ce type d'assemblage est représentée sur l'Annexe13 (Page 126).

3. Assemblage encastré poteau HEA600 avec Poutre HEA550

L'assemblage encastré en question sera réalisé grâce à des cornières comme montré dans la figure ci-après.

Figure 74 : Vu de l'assemblage poteau-poutre.

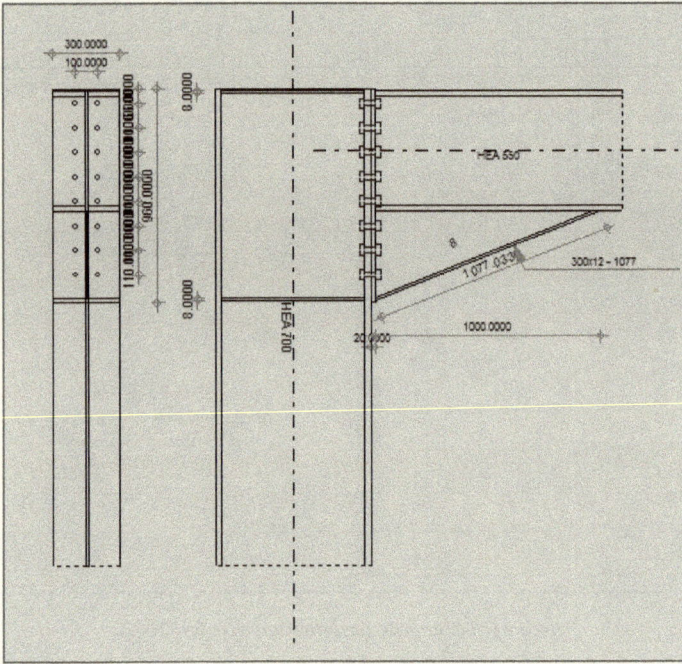

Figure 75 : Schéma de l'assemblage avec RSA2012.

Nous avons utilisé 8 rangés et 2 colonnes constitués de boulon HR de diamètre 24mm, l'épaisseur de la platine à étais prise de 20mm avec un Jarret incliné de 21.8 deg.

La note de calcul de ce type d'assemblage est représentée sur l'Annexe14 (Page 130).

4. Assemblage Poutre HEA550 avec solive IPE330

L'assemblage des poutres /solive sera assuré par des cornières.

Figure 76 : Vu de l'assemblage poutre-solive.

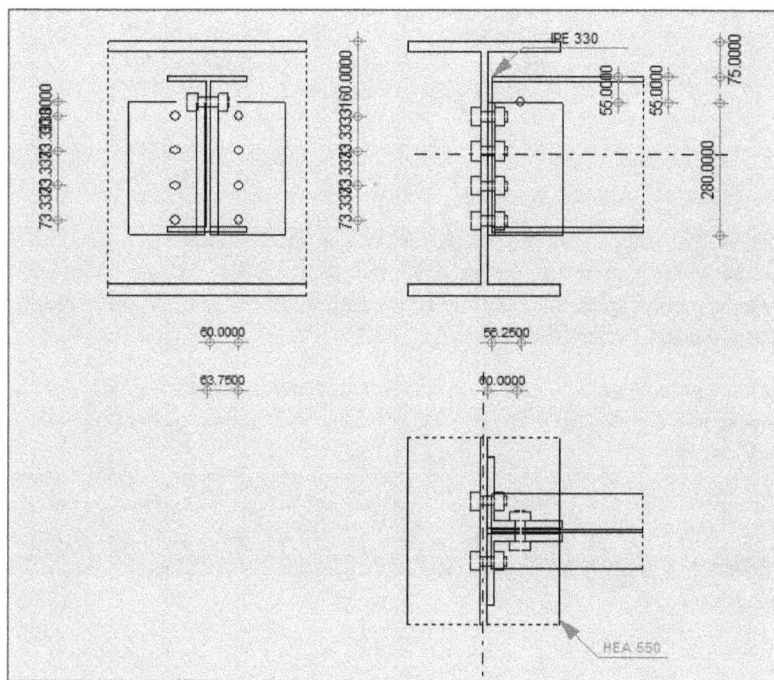

Figure 77 : Schéma de l'assemblage avec RSA2012.

Nous avons utilisé une cornière CAE 150x15 avec 4 rangés de boulon HR de diamètre 20mm assemblant la cornière à la poutre porteuse et 4 rangés de même boulon assemblant la cornière à la poutre portée.

La note de calcul de ce type d'assemblage est représentée sur l'Annexe15 (Page 134).

CONCLUSION

Ce Projet de Fin d'Etudes m'a permis d'effectuer une étude parasismique détaillée en deux variante ; béton armé et structure métallique. D'un point de vue sismique, ces structures sont considérées comme irrégulières. Il s'agissait alors de procéder à plusieurs étapes de réflexion pour le compte du bureau d'études.

Dans un premier temps, il a fallu créer un modèle spatial des bâtiments avec le logiciel de calcul aux éléments finis Robot. Cette étape était indispensable pour pouvoir mener l'étude sismique de ces bâtiments.

Après l'analyse modale et le calcul sismique effectués avec le logiciel, l'exploitation des résultats a permis de vérifier les déplacements maximaux, les déplacements relatifs entre étages et le renversement de chaque étage. Ces vérifications démontrent que les bâtiments sont stables sous chargement sismique.

La conception de modèles sous Robot m'a montré les difficultés de l'utilisation d'un logiciel professionnel, mais m'a aussi appris la rigueur à avoir lors de la mise en page d'une note de calcul où tout doit être bien défini et justifié. Grâce à ce stage, j'ai étudié le règlement parasismique marocain pour en ressortir les éléments qui m'ont été utiles dans mon étude. Je sais qu'il me reste beaucoup de travail avant de le maîtriser entièrement, mais je sais maintenant où chercher si je rencontre un problème lier au parasismique.

D'un point de vue personnel, le PFE a été une étape nécessaire et complémentaire à ma formation d'ingénieur génie civil. En intégrant un bureau d'études pendant 4 mois, j'ai pu m'apercevoir des missions et des problèmes quotidiens auxquels un service structure peut-être confronté. De plus, les échanges avec les ingénieurs et les techniciens ont été très enrichissants et me motivent à continuer dans cette voie.

BIBLIOGRAPHIE

* BAEL 91 : Règles techniques de conception et de calcul des ouvrages et constructions en béton armé, suivant la méthode des états limites.
* Règles de calcul des constructions en acier Eurocode3.
* Règles définissant les effets de la Neige et du Vent sur les constructions (NV65).
* Règlement parasismique marocain applicable aux bâtiments (RPS2000).
* Conception parasismique des bâtiments : Principe de base à l'attention des ingénieurs, architectes, maîtres d'ouvrages et autorités - Hugo Bachmann (Bierne 2002).

ANNEXES

Étude parasismique d'un bâtiment R+6 en deux variantes : Béton armé et charpente métallique

ANNEXE 1 : Plan d'exécution statique du poteau A17

60

14x22

2.88

3.23

30

A-A

60

70

Pos.	Armature	Code	Forme
1	8HA 16	l=3.50	00	
2	14HA 8	l=2.52	31	
3	14HA 8	l=1.89		

Acier HA 500 = 44.1 kg   Béton : BETON = 1.21 m3
Acier HA 500 = 24.3 kg   Surface du coffrage = 7.48 m2
Enrobage 3 cm
Echelle pour la vue 1/33
Echelle pour la section 1/20

Poteau A17
Section 60x70

Tel   Fax

Indéfini
calcul final - 20-04-2014-rtd

Page 1/1

Nabil AZALMAD – Juin 2014

ANNEXE 2 : Note de calcul statique du poteau A17

1   Niveau :

- Nom   : A17
- Cote de niveau   : 3,2 m
- Tenue au feu   : 0 h
- Fissuration   : peu préjudiciable
- Milieu   : non agressif

2   Poteau : Poteau A17   Nombre : 1

2.1   Caractéristiques des matériaux :

- Béton   : fc28 = 25,0000 (MPa)   Poids volumique = 2501,3639 (kG/m3)
- Aciers longitudinaux   : type   HA 500   fe = 500,0000 (MPa)
- Aciers transversaux   : type   HA 500   fe = 500,0000 (MPa)

2.2   Géométrie :

2.2.1   Rectangle   60,0000 x 70,0000 (cm)
2.2.2   Epaisseur de la dalle   = 0,3000 (m)
2.2.3   Sous dalle   = 3,2250 (m)
2.2.4   Sous poutre   = 2,8750 (m)
2.2.5   Enrobage   = 3,0000 (cm)

2.3   Hypothèses de calcul :

- Calculs suivant   : BAEL 91 mod. 99
- Dispositions sismiques   : non
- Poteau préfabriqué   : non
- Tenue au feu   : forfaitaire
- Prédimensionnement   : non
- Prise en compte de l'élancement   : oui
- Compression   : simple
- Cadres arrêtés   : sous plancher
- Plus de 50% des charges appliquées :   : après 90 jours

2.4   Chargements :

Cas	Nature	Groupe	N (kN)
ELU	de calcul	17	5323,5284

2.5   Résultats théoriques :

2.5.1 Analyse de l'Elancement

	Lu (m)	K	λ
Direction Y :	3,2000	1,0000	15,8359

2.5.2 Analyse détaillée

λ = max (λy ; λz)
λ = 18,4752

$\lambda < 50$
$\alpha = 0,85/(1+0,2*(\lambda/35)^2) = 0,8051$
$Br = 0,3944$ (m2)
$A = 16,0850$ (cm2)
$Nulim = \alpha[Br*fc28/(0,9*\gamma b)+A*Fe/\gamma s] = 6443,5089$ (kN)

2.5.3 Ferraillage :

- Coefficients de sécurité
- global (Rd/Sd) = 1,2104
- section d'acier réelle   A = 16,0850 (cm2)

2.6   Ferraillage :

Barres principales :
- 8   HA 500 16   I = 3,4950   (m)

Ferraillage transversal :
- 14   Cad   HA 500 8   I = 2,5151   (m)
  e = 14*0,2221   (m)
- 14   Cad   HA 500 8   I = 1,8896   (m)
  e = 14*0,2221   (m)

3   Quantitatif :

- Volume de Béton   = 1,2075 (m3)
- Surface de Coffrage = 7,4750 (m2)

- Acier HA 500
  - Poids total   = 68,4858 (kG)
  - Densité   = 56,7170 (kG/m3)
  - Diamètre moyen = 10,4957 (mm)
  - Liste par diamètres :

Diamètre	Longueur (m)	Poids (kG)
8	61,6652	24,3404
16	27,9600	44,1454

ANNEXE 3 : Plan d'exécution parasismique du poteau A17

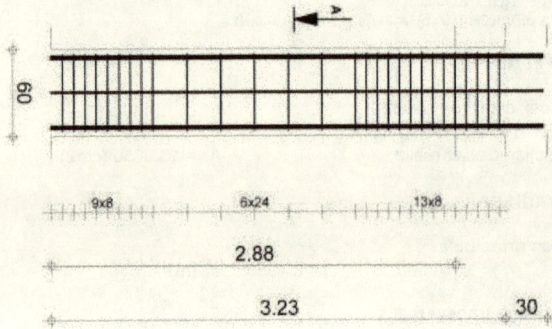

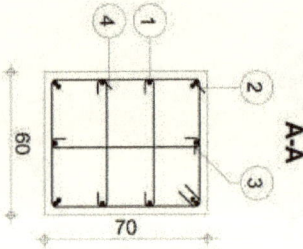

Pos	Armature	Code	Forme
1	14HA 20	l=3.50	00	3.50
2	28HA 8	l=2.52	31	
3	28HA 8	l=79	00	
4	56HA 8	l=69	00	

Acier HA 500 = 121 kg   Béton : BETON25 = 1.21 m3
Acier HA 500 = 51.9 kg   Surface du coffrage = 7.48 m2
Emballage 3 cm

Echelle pour la vue 1/33
Echelle pour la section 1/20

Poteau A17
Section 60x70

calcul final- 20-04-2014-rtd

Tél   Fax

Page 1/1

ANNEXE 4 : Note de calcul parasismique du poteau A17

Niveau :

- Nom : A17
- Cote de niveau : 3,2 m
- Tenue au feu : 0 h
- Fissuration : peu préjudiciable
- Milieu : non agressif

Poteau : Poteau A17   Nombre : 1

2.1   Caractéristiques des matériaux :

- Béton : fc28 = 25,0000 (MPa)   Poids volumique = 2501,3639 (kG/m3)
- Aciers longitudinaux : type HA 500   fe = 500,0000 (MPa)
- Aciers transversaux : type HA 500   fe = 500,0000 (MPa)

2.2   Géométrie :

2.2.1   Rectangle   60,0000 x 70,0000 (cm)
2.2.2   Epaisseur de la dalle   = 0,3000 (m)
2.2.3   Sous dalle   = 3,2250 (m)
2.2.4   Sous poutre   = 2,8750 (m)
2.2.5   Enrobage   = 3,0000 (cm)

2.3   Hypothèses de calcul :

- Calculs suivant : BAEL 91 mod. 99
- Dispositions sismiques : oui (R.P.S. 2000)
- Poteau préfabriqué : non
- Tenue au feu : forfaitaire
- Prédimensionnement : non
- Prise en compte de l'élancement : oui
- Compression : avec flexion
- Cadres arrêtés : sous plancher
- Plus de 50% des charges appliquées : : après 90 jours

2.4   Chargements :

Cas	Nature	Groupe	N (kN)	Fy (kN)	Fz (kN)	My (kN*m)	Mz (kN*m)
ELU	de calcul	505	5323,5284	-12,5487	198,1126	409,1082	27,6573
ELU:STD/1=1*1.3500 + 2*1.3500	de calcul	505	4135,4623	-9,7422	150,7298	311,1467 21,4517	
ELU:STD/2=1*1.0000 + 2*1.0000	de calcul	505	3063,3054	-7,2164	111,6517	230,4791 15,8902	
ELU:STD/3=1*1.3500 + 2*1.3500 + 3*1.5000	de calcul	505	5323,5284	-12,5487	198,1126	409,1082 27,6573	
ELU:STD/4=1*1.0000 + 2*1.0000 + 3*1.5000	de calcul	505	4251,3715	-10,0230	159,0345	328,4406 22,0957	
ACC:SEI/1=1*1.0000 + 2*1.0000 + 3*0.2000 + 11*1.0000	de calc. acc.	505			3455,1216 24,4336 109,1742 256,5620	-0,5768	-
ACC:SEI/2=1*1.0000 + 2*1.0000 + 11*1.0000	de calc. acc.	505			3296,7128 102,8565 243,5005	-24,0594 -1,4042	
ACC:SEI/3=1*1.0000 + 2*1.0000	de calc. acc.	505	3063,3054	-7,2164	111,6517 230,4791 15,8902		
ACC:SEI/4=1*1.0000 + 2*1.0000 + 3*0.2000 + 12*1.0000	de calc. acc.	505			3473,7486 13,1338 86,5589 283,2202	9,5529	-
ACC:SEI/5=1*1.0000 + 2*1.0000 + 12*1.0000	de calc. acc.	505			3315,3398 80,2412 270,1586	-12,7595 8,7255	
ACC:SEI/6=1*1.0000 + 2*1.0000 + 3*0.2000 + 13*1.0000	de calc. acc.	505			3221,7142	-7,5906	

```
117,9694  243,5406              16,7176
ACC:SEI/7=1*1.0000 + 2*1.0000 + 13*1.0000     de calc. acc.        505     3063,3054   -7,2164
111,6517  230,4791              15,8902
ACC:SEI/8=1*1.0000+2*1.0000+3*0.2000+11*1.0000+12*1.0000+13...  de calc. acc.   505   3707,1560
-29,9768   77,7637             296,2416   -7,7415
ACC:SEI/9=1*1.0000+2*1.0000+11*1.0000+12*1.0000+13*1.0000    de calc. acc.       505     3548,7472
-29,6025   71,4460             283,1801   -8,5689
ACC:SEI/10=1*1.0000 + 2*1.0000 + 3*0.2000 + 11*-1.0000   de calc. acc.    505   2988,3068      9,252
126,7646  230,5191              34,0119
ACC:SEI/11=1*1.0000 + 2*1.0000 + 11*-1.0000    de calc. acc.      505     2829,8980   9,6266 120,4469
217,4576   33,1845
ACC:SEI/12=1*1.0000 + 2*1.0000 + 3*0.2000 + 12*-1.0000   de calc. acc.    505   2969,6798     -2,047
149,3799  203,8610              23,8822
ACC:SEI/13=1*1.0000 + 2*1.0000 + 12*-1.0000    de calc. acc.      505     2811,2710   -1,6733
143,0622  190,7995              23,0548
ACC:SEI/14=1*1.0000 + 2*1.0000 + 3*0.2000 + 13*-1.0000   de calc. acc.    505   3221,7142     -7,590
117,9694  243,5406              16,7176
ACC:SEI/15=1*1.0000 + 2*1.0000 + 13*-1.0000    de calc. acc.      505     3063,3054   -7,2164
111,6517  230,4791              15,8902
ACC:SEI/16=1*1.0000+2*1.0000+3*0.2000+11*-1.0000+12*-1.0000...  de calc. acc.   505   2736,2724
14,7955  158,1751             190,8396   41,1766
ACC:SEI/17=1*1.0000+2*1.0000+11*-1.0000+12*-1.0000+13*-1.0000   de calc. acc.   505   2577,8636
15,1697  151,8574             177,7781   40,3492
ACC:ACC/18=1*1.0000 + 2*1.0000    de calc. acc.    505   3063,3054  -7,2164   111,6517
230,4791   15,8902
```

2.5   Résultats théoriques :

Attention : Poteau en flexion composée. Les calculs en flexion simple ont été imposés.
Les exigences pour la méthode utilisée n'ont pas été satisfaites :
Excentrement e0 < 0.1h

2.5.1   Analyse à l'ELU

Combinaison défavorable : ELU (A)
Efforts sectionnels:
  Nsd = 5323,5284 (kN) Msdy = 0,0000 (kN*m)   Msdz = 27,6573 (kN*m)
Efforts de dimensionnement:
noeud supérieur
  N = 5323,5284 (kN)   N*etotz = 0,0000 (kN*m) N*etoty= 52,6445 (kN*m)

Excentrement :		ez (My/N)	ey (Mz/N)
statique	e0:	0,0000 (cm)	0,5195 (cm)
due au montage	ea:	0,0000 (cm)	0,4694 (cm)
II genre	e2:	0,0000 (cm)	0,0000 (cm)
total	etot:	0,0000 (cm)	0,9889 (cm)

2.5.1.1. Analyse détaillée-Direction Z :

2.5.1.1.1 Analyse de l'Elancement
Structure sans possibilité de translation

L (m)	Lo (m)	λ	λlim	
3,5250	3,5250	20,3516	25,0000	Poteau peu élancé

$\lambda < \lambda$lim
20,3516 < 25,0000   Poteau peu élancé

$$\lambda_{lim} = \max\left\{25; \frac{15}{\sqrt{\nu_u}}\right\} \quad \nu_u = \frac{|N_{Sd}|}{A_c \cdot f_{cd}}$$

4.3.5.3.5(2)

2.5.1.1.2 Analyse de flambement

M2 = 27,6573 (kN*m)   M1 = -12,4987 (kN*m)
Cas: section à l'extrémité du poteau (noeud supérieur), négliger l'influence de l'élancement
Msd = 27,6573 (kN*m)
e0 = Msd/Nsd = 0,5195 (cm)
ea = ν*lo/2 = 0,4694 (cm)
    ν = 1/(100*h^(1/2)) = 0,0027

$$h = 14,1000 \text{ (m)}$$
$$v > 1 / 400$$
$$etot = e0+ea = 0,9889 \text{ (cm)}$$

2.5.2 Ferraillage :

- Coefficients de sécurité
- global (Rd/Sd)   = 1,4129
- section d'acier réelle   A = 43,9823 (cm2)

2.6 Ferraillage :

Barres principales :
- 14   HA 500 20   l = 3,4950   (m)

Ferraillage transversal :
- 28 Cad HA 500 8   l = 2,5151   (m)
  e = 9*0,0800 + 6*0,2400 + 13*0,0788   (m)
- 28 Ep   HA 500 8   l = 0,7934   (m)
  e = 9*0,0800 + 6*0,2400 + 13*0,0788   (m)
- 56 Ep   HA 500 8   l = 0,6934   (m)
  e = 9*0,0800 + 6*0,2400 + 13*0,0788   (m)

3 Quantitatif :

- Volume de Béton   = 1,2075 (m3)
- Surface de Coffrage = 7,4750 (m2)

- Acier HA 500
  - Poids total   = 172,6020 (kG)
  - Densité   = 142,9416 (kG/m3)
  - Diamètre moyen = 11,2548 (mm)
  - Liste par diamètres :

Diamètre	Longueur (m)	Poids (kG)
8	131,4659	51,8921
20	48,9300	120,7100

ANNEXE 5 : Note de calcul du voile

1   Niveau :

- Nom :   991
- Cote de niveau :   supérieur   3,2 (m)
- Position de l'étage :   intermédiaire
- Milieu :   non agressif

2   Voile : Voile 991

2.1   Caractéristiques des matériaux :

- Béton :   fc28 = 25,0000 (MPa)   Densité = 2501,3639 (kG/m3)
- Aciers longitudinaux :   type   HA 500   fe = 500,0000 (MPa)
- Aciers transversaux :   type   HA 500   fe = 500,0000 (MPa)
- Age du béton au chargement : 28
- Coefficient de comportement: q = 2,5000

2.2   Géométrie :

Nom:

Longueur:	2,2063 (m)
Epaisseur:	0,2000 (m)
Hauteur :	3,2000 (m)
Hauteur de la couronne :	0,0000 (m)
Appui vertical:	deux bords
Conditions aux appuis :	plancher aboutissant de deux côtés

2.3   Hypothčses de calcul :

Calculs suivant :   BAEL 91 mod. 99
Enrobage   :   3,0000 (cm)

2.4   Chargements :

2.4.1 Réduites:

Nature	N (kN)	M (kN*m)	H (kN)
sismique	-882,4135	-257,1698	57,1910
sismique	-1237,4710	-197,5804	73,3980

2.5   Résultats théoriques :

2.5.2 Résultats théoriques - détaillés :

2.5.2.1 Combinaisons

2.5.2.1.1 Sollicitations ELU

2.5.2.1.2 Interactions en ACC

ACC.1	-	1 SEI
ACC.2	-	1 SEI
ACC.3	-	-1 SEI

ACC.4   -   -1 SEI

2.5.2.2 Longueur de flambement

Lf' = 2,7200 (m)
Lf'_mf = 2,5600 (m)
Lf = 0,9375 (m)
Lf_mf = 0,7031 (m)

2.5.2.3 Elancement

λ = 16,2385
λ mf = 12,1789
λ seism = 18,0428
λ seism_mf = 13,5321

2.5.2.4 Coefficient α

$\alpha/\alpha 1$ = 1,1   (Age du béton au chargement :28)
α = 0,5582
α mf = 0,7545
α seism = 0,5510
α seism_mf = 0,7503

2.5.2.5 Résistance du voile non armé

σ ulim = 9,3033 (MPa)
σ ulim_seism = 11,9792 (MPa)

2.5.2.6 Armatures réparties

Combinaison dimensionnante: ELU 1
N umax= 0,0000 (kN/m)
σ umax = 0,0000 (MPa)
Nulim = 1860,6661 (kN/m)
σ ulim = 9,3033 (MPa)

Numax<Nulim   =>   Voile non armé
0,0000 (kN/m) < 1860,6661 (kN/m)

Combinaison dimensionnante: ACC 4
N umax= 560,8811 (kN/m)
σ umax = 2,8044 (MPa)
Nulim = 2395,8473 (kN/m)
σ ulim = 11,9792 (MPa)

Numax<Nulim   =>   Voile non armé
560,8811 (kN/m) < 2395,8473 (kN/m)

2.5.2.7 Armatures de bord

2.5.2.7.1 Bord gauche

2.5.2.7.1.1 Raidisseur en flexion composé
Af L = 10,4051 (cm2)
Combinaison dimensionnante: ACC 1
2.5.2.7.1.2 Armatures minimales (PS92 11.821.2)
Combinaison dimensionnante: ACC 4
ρ = 0,001*q*σ i /σ ulim
σ i = 7,5653 (MPa)
σ ulim = 11,9792 (MPa)
bf = 1,0000 (m)
AfL min = 3,1577 (cm2)
2.5.2.7.1.3 Potelets minimaux (PS92 11.821.4)
Largeur : d':
Combinaison dimensionnante: ACC 4
σ i = 7,5653 (MPa)
σ ulim = 11,9792 (MPa)
d' = 0,3158 (m)

2.5.2.7.2 Bord droit

2.5.2.7.2.1 Raidisseur en flexion composé
Af R= 14,3443 (cm2)
Combinaison dimensionnante: ACC 1
2.5.2.7.2.2 Armatures minimales (PS92 11.821.2)
Combinaison dimensionnante: ACC 4

$\rho = 0{,}001 \cdot q \cdot \sigma i / \sigma$ ulim
$\sigma i = 11{,}9789$ (MPa)
σ ulim $= 11{,}9792$ (MPa)
bf $= 1{,}0000$ (m)
AfRmin $= 4{,}9999$ (cm2)

2.5.2.7.2.4 Potelets minimaux (PS92 11.821.4)

Largeur : d':
Combinaison dimensionnante: ACC 4
$\sigma i = 11{,}9789$ (MPa)
σ ulim $= 11{,}9792$ (MPa)
d' $= 0{,}5000$ (m)

2.5.2.8 Cisaillement (BAEL91 A5.1,23) (PS92 11.821.3)

Armatures horizontales
Combinaison dimensionnante-ELU: ELU 1

Vu $= 0{,}0000$ (kN)
$\tau = 0{,}0000$ (MPa)
Ah $= 0{,}0000$ (cm2/m)

Combinaison dimensionnante-ACC: ACC 2

Vu $= 73{,}3980$ (kN)
V* $= 128{,}4465$ (kN)
$\tau* = 0{,}3135$ (MPa)
τ lim $= 1{,}0500$ (MPa)
α V $= 0{,}6972$
Ath $= 0{,}0000$ (cm2/m)

Armatures verticales
Combinaison dimensionnante: ACC 2

Vu $= 73{,}3980$ (kN)
V* $= 128{,}4465$ (kN)
$\tau* = 0{,}3135$ (MPa)
τ lim $= 1{,}0500$ (MPa)
α V $= 0{,}6972$
Atv $= 0{,}0000$ (cm2/m)

2.5.2.9 Glissement (PS92 11.821.3)

Combinaison dimensionnante: ACC 2
Vu $= 73{,}3980$ (kN)
V* $= 128{,}4465$ (kN)
x $= 0{,}0000$ (m)
αR $= 0{,}0000$
Fb $= \alpha R \cdot x \cdot \sigma$ ulim $\cdot a = 0{,}0000$ (kN)
ftj $= 2{,}1000$ (MPa)
At $= 2{,}6392$ (cm2/m)

2.6   Ferraillage :

Armatures verticales:

Zone X0 (m)	X1 (m)	Nombre :	Acier	Diamètre (mm)	Longueur (m)	Espacement (m)
0,3158	1,7063	12	HA 500	12,0000	3,8578	0,2500

X0 - Début de la zone
X1 - Fin de la zone

Armatures horizontales:

Type	Nombre :	Acier	Diamètre (mm)	A (m)	B (m)	C (m)	Espacement (m)	Forme
droit	32	HA 500	12,0000	2,1463	0,0000	0,0000	0,2000	00

Epingles:

Nombre :	Acier	Diamètre	A	B	C	Forme

		(mm)	(m)	(m)	(m)	
48	HA 500	12,0000	0,1560	0,0000	0,0000	00

Armature de bord (Af):

	Nombre :	Acier	Diamètre (mm)	A (m)	B (m)	C (m)	Forme
Armatures longitudinales - partie gauche	10	HA 500	12,0000	3,8578	0,0000	0,0000	00
Armatures longitudinales - partie droite	10	HA 500	14,0000	3,9725	0,0000	0,0000	00
Armatures transversales - partie gauche	32	HA 500	12,0000	0,1360	0,2518	0,1360	31
Armatures transversales - partie droite	32	HA 500	12,0000	0,1360	0,4360	0,1360	31
Épingles - partie gauche	32	HA 500	12,0000	0,1360	0,0000	0,0000	00
Épingles - partie droite	32	HA 500	12,0000	0,1360	0,0000	0,0000	00

Quantitatif :

- Volume de Béton   = 1,4120 (m3)
- Surface de Coffrage   = 15,4003 (m2)

- Acier HA 500
  - Poids total   = 290,7001 (kG)
  - Densité   = 205,8738 (kG/m3)
  - Diamètre moyen   = 12,2539 (mm)

- **Liste par diamètres :**

Diamètre	Longueur (m)	Poids (kG)
12	273,2520	242,6799
14	39,7247	48,0203

ANNEXE 6 : Plan d'exécution de la poutre

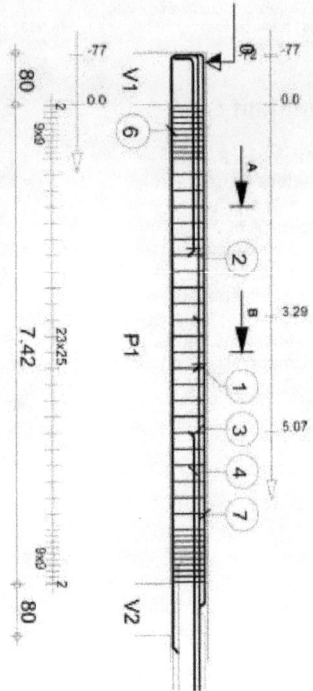

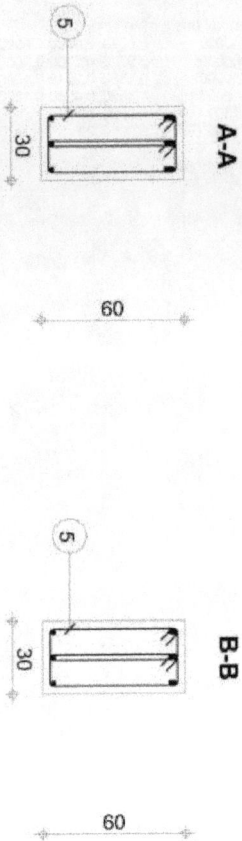

Pos.	Armature	Code	Forme
1	3HA 14	l=5.15	00
2	3HA 14	l=3.32	00
3	3HA 14	l=7.52	00
4	3HA 14	l=5.05	00
5	8HA 6	l=1.47	31
6	3HA 16	l=9.53	00
7	3HA 12	l=8.77	00

Acier HA 500 = 145 kg
Acier HA 500 = 27.3 kg

Tenue au feu 0h	Fissuration peu préjudiciable	Tel	Fax
Indéfini	Reprise de bétonnage : Non	Béton BETON25 =	
calcul final- 20-04-2014-rtd	**Poutre486...487 : P1**	**Section 30x60**	

Nombre 1

Béton BETON25 = 1.56 m3
Surface du coffrage = 12.7 m2
Enrobage inférieur 3 cm
Enrobage latéral 3 cm
Enrobage supérieur 3 cm

Densité = 111 kg/ m3
Diamètre moyen = 9.93mm

Echelle pour la vue 1/75
Echelle pour la section 1/20

Page 1/2

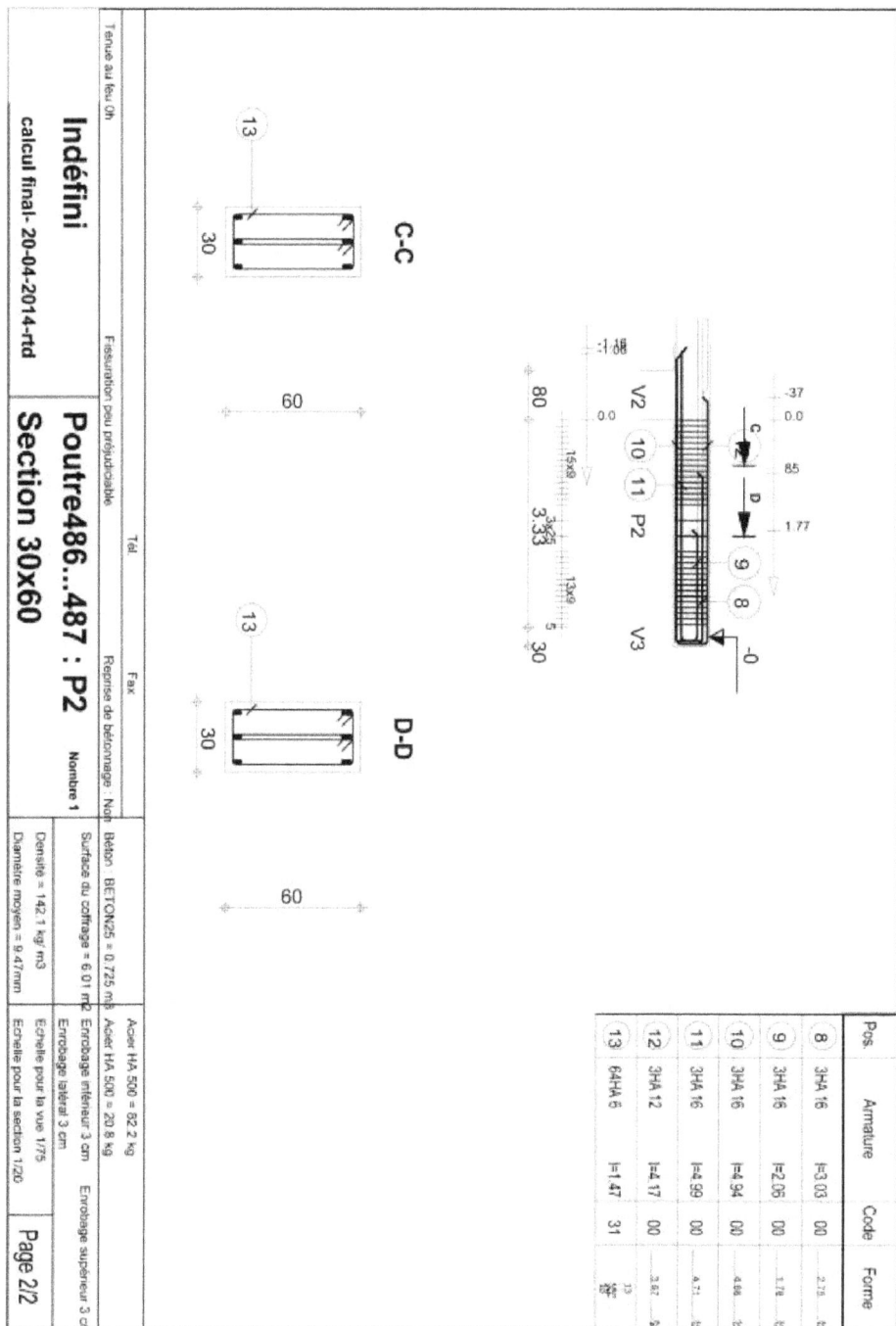

C-C

13 30 60

D-D

13 30 60

V2 10 11 P2 9 8 V3

80 30

15x9 13x9 5

3x25 3.33

-1.08 -37 0.0 85 -0 1.77 0.0

Pos.	Armature	Code	Forme
8	3HA 16	l=3.03	00	2.78
9	3HA 16	l=2.06	00	1.78
10	3HA 16	l=4.94	00	4.66
11	3HA 16	l=4.99	00	4.71
12	3HA 12	l=4.17	00	3.62
13	64HA 6	l=1.47	31	

Tenue au feu 0h — Indéfini

Fissuration peu préjudiciable

Poutre486...487 : P2

Section 30x60

calcul final- 20-04-2014-rtd

Reprise de bétonnage : Non

Nombre 1

Béton : BETON25 = 0.725 m3   Acier HA 500 = 82.2 kg

Surface du coffrage = 6.01 m2   Acier HA 500 = 20.8 kg

Enrobage inférieur 3 cm   Enrobage supérieur 3 cm

Enrobage latéral 3 cm

Densité = 142.1 kg/ m3

Diamètre moyen = 9.47 mm

Echelle pour la vue 1/75

Echelle pour la section 1/20

Page 2/2

ANNEXE 7 : Note de calcul de la poutre

1   Niveau :

- Nom   :
- Cote de niveau   : 0,0000 (m)
- Tenue au feu   : 0 h
- Fissuration   : peu préjudiciable
- Milieu   : non agressif

2   Poutre : Poutre486...487   Nombre : 1

2.1   Caractéristiques des matériaux :

- Béton   : fc28 = 25,0000 (MPa) Densité = 2549,2905 (kG/m3)
- Aciers longitudinaux   : type   HA 500   fe = 500,0000 (MPa)
- Aciers transversaux   : type   HA 500   fe = 500,0000 (MPa)

2.2   Géométrie :

2.2.1	Désignation	Position	APG (m)	L (m)	APD (m)
	P1	Travée	0,8000	7,4187	0,8000

Section de   0,0000 à 7,4187 (m)
30,0000 x 60,0000 (cm)
Pas de plancher gauche
Pas de plancher droit

2.2.2	Désignation	Position	APG (m)	L (m)	APD (m)
	P2	Travée	0,8000	3,3277	0,3000

Section de   0,0000 à 3,3277 (m)
30,0000 x 60,0000 (cm)
Pas de plancher gauche
Pas de plancher droit

2.3   Hypothèses de calcul :

- Règlement de la combinaison   : BAEL 91_RPS2000
- Calculs suivant   : BAEL 91 mod. 99
- Dispositions sismiques   : oui (R.P.S. 2000)
- Poutres préfabriquées   : non
- Enrobage   : Aciers inférieurs c = 3,0000 (cm)
                                   : latéral   c1 = 3,0000 (cm)
                                   : supérieur c2 = 3,0000 (cm)
- Tenue au feu   : forfaitaire
- Coefficient de redistribution des moments sur appui : 0,8000
- Ancrage du ferraillage inférieur :
  - appuis de rive (gauche)   : Auto
  - appuis de rive (droite)   : Auto
  - appuis intermédiaires (gauche)   : Auto
- appuis intermédiaires (droite)   : Auto

Étude parasismique d'un bâtiment R+6 en deux variantes : Béton armé et charpente métallique

2.4 Chargements :

2.5 Résultats théoriques :

Longueur du crochet des armatures transversales trop faible pour que les dispositions sismiques puissent être satisfaites.

2.5.1 Sollicitations ELU

Désignation	Mtmax. (kN*m)	Mtmin. (kN*m)	Mg (kN*m)	Md (kN*m)	Vg (kN)	Vd (kN)	
P1	117,4576	-6,7167	-151,1775		-71,1892	111,6692	-89,0864
P2	72,7211	-47,0910	72,7211	-83,1023	-18,4102	-60,9742	

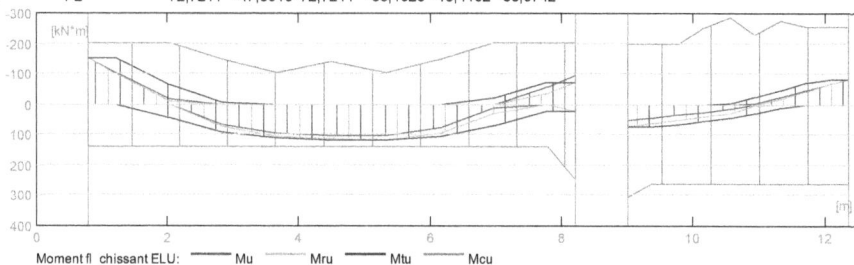

Moment fl chissant ELU: Mu — Mru — Mtu — Mcu

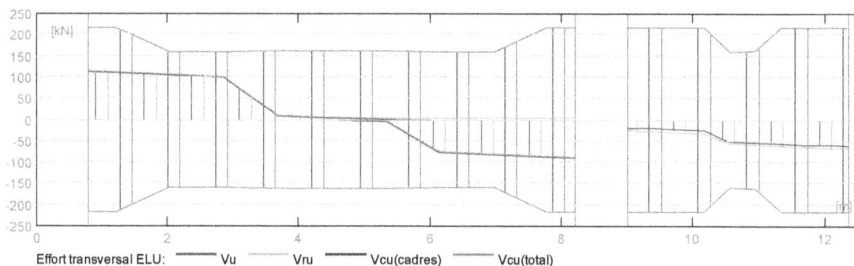

Effort transversal ELU: Vu — Vru — Vcu(cadres) — Vcu(total)

2.5.2 Sollicitations ELS

Désignation	Mtmax. (kN*m)	Mtmin. (kN*m)	Mg (kN*m)	Md (kN*m)	Vg (kN)	Vd (kN)	
P1	86,1575	0,0000	-110,4175		-52,3811	81,8113	-65,4518
P2	52,2886	-11,9985	52,2886	-59,9242	-12,8020	-44,0849	

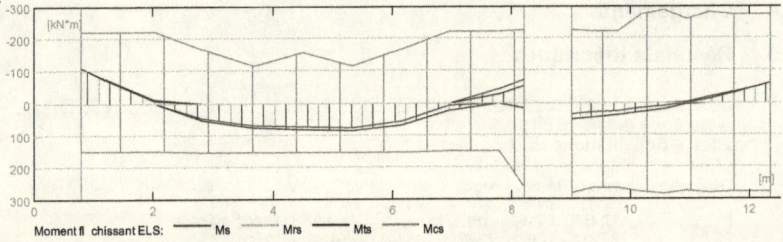

Moment fl chissant ELS: — Ms — Mrs — Mts — Mcs

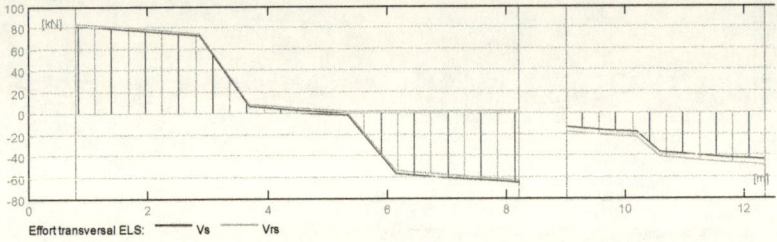

Effort transversal ELS: — Vs — Vrs

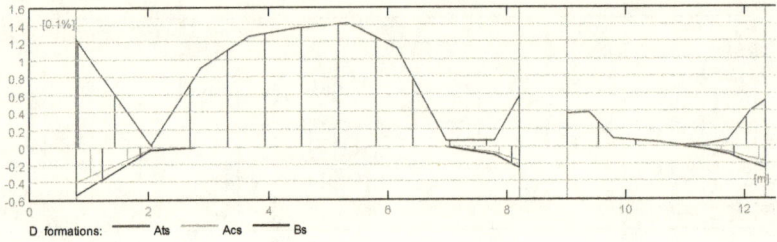

D formations: — Ats — Acs — Bs

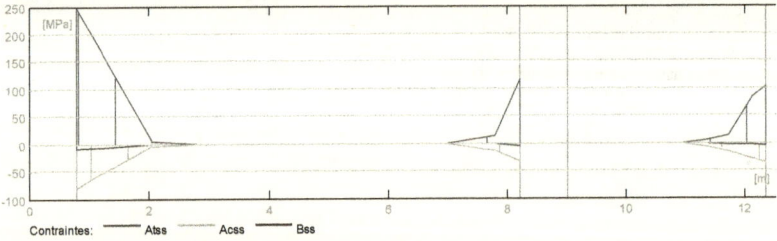

Contraintes: — Atss — Acss — Bss

2.5.3   Sollicitations ELU - combinaison rare

Désignation	Mtmax. (kN*m)	Mtmin. (kN*m)	Mg (kN*m)	Md (kN*m)	Vg (kN)	Vd (kN)		
P1	94,0828	-35,8817	-188,3345		-129,8232		101,6315	-88,3014
P2	239,8759	-167,6065		239,8759	-249,9610		-134,9526	-149,6344

Étude parasismique d'un bâtiment R+6 en deux variantes : Béton armé et charpente métallique

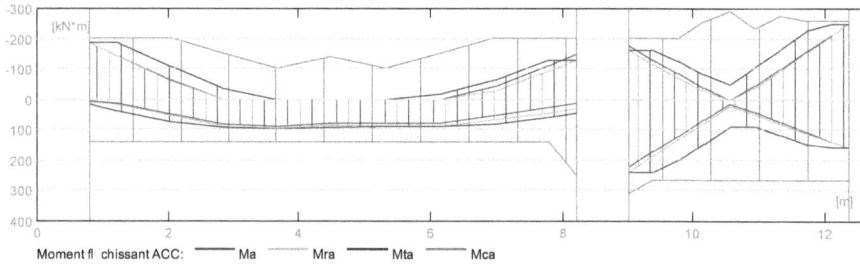

Moment fl chissant ACC: ——— Ma ········ Mra ——— Mta ——— Mca

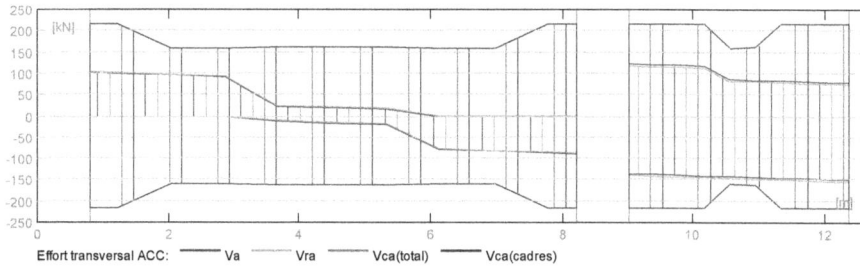

Effort transversal ACC: ——— Va ········ Vra ——— Vca(total) ——— Vca(cadres)

2.5.4 Sections Théoriques d'Acier

Désignation	Travée (cm2) inf.	sup.	Appui gauche (cm2) inf.	sup.	Appui droit (cm2) inf.	sup.
P1	5,1594	0,0000	0,7274	8,3760	1,9450	5,6616
P2	10,8743	0,0000	10,8743	7,0855	6,9180	11,3756

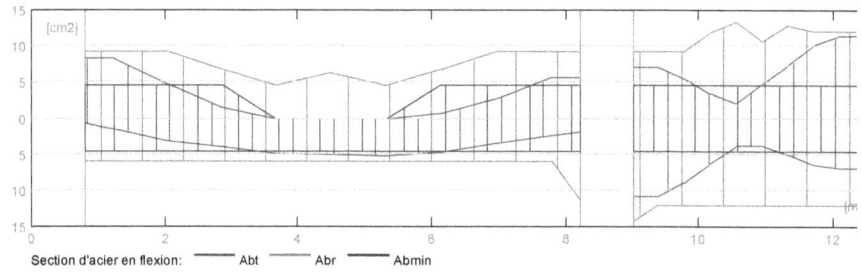

Section d'acier en flexion: ——— Abt ——— Abr ——— Abmin

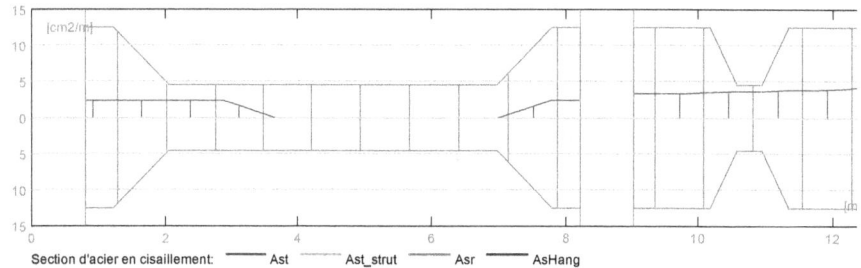

Section d'acier en cisaillement: ——— Ast ········ Ast_strut ——— Asr ——— AsHang

2.5.5 Flèches

Fgi - flèche due aux charges permanentes totales
Fgv - flèche de longue durée due aux charges permanentes

Fji   - flèche due aux charges permanentes à la pose des cloisons
Fpi   - flèche due aux charges permanentes et d'exploitation
ΔFt   - part de la flèche totale comparable à la flèche admissible
Fadm - flèche admissible

Travée	Fgi (cm)	Fgv (cm)	Fji (cm)	Fpi (cm)	ΔFt (cm)	Fadm (cm)
P1	0,2576	0,5852	0,0000	0,3526	0,6802	1,3219
P2	0,0046	0,0124	0,0000	0,0077	0,0155	0,7755

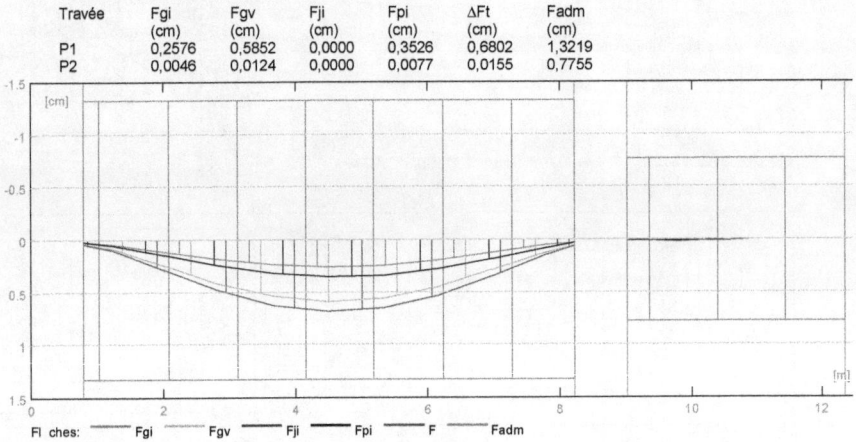

Fl ches: Fgi Fgv Fji Fpi F Fadm

2.5.6   Contrainte dans la bielle comprimée

Valeur admissible : 13,3333 (MPa)

	a/add (m)	σbc A (MPa)	Atheor (cm2)	Ar (cm2)
Travée P1 Appui gauche Vu = 111,6692(kN) Bielle inférieure	0,7500	0,9926	2,5684	6,0319
Travée P1 Appui droit Vu = 89,0864(kN) Bielle inférieure	0,7600	0,7815	0,0000	11,3022
Travée P2 Appui gauche Vu = 122,8789(kN) Bielle inférieure	0,7600	1,0779	0,0000	14,2714
Travée P2 Appui droit Vu = 149,6344(kN) Bielle inférieure	0,2500	3,9903	3,4416	12,0637

2.6   Résultats théoriques - détaillés :

2.6.1   P1 : Travée de 0,8000 à 8,2187 (m)

Abscisse (m)	ELU M max. (kN*m)	ELU M min. (kN*m)	ELS M max. (kN*m)	ELS M min. (kN*m)	ELU - comb. acc. M max. (kN*m)	ELU - comb. acc. M min. (kN*m)	A chapeau (cm2)	A travée (cm2)	A compr. (cm2)
0,8000	0,0000	-151,1775	0,0000	0,0000	-110,4175	17,3046	-188,3345	8,3760	0,7274 0,0000#
1,2219	0,0000	-151,1775	0,0000	-74,1104	36,6773	-188,3345	8,3695	1,5497	0,0000
2,0437	43,5804	-64,1491	0,0000	-8,0806	73,0591	-109,4735		4,7380	3,1248 0,0000
2,8656	92,7172	-6,7167	54,9668	0,0000	91,4652	-35,8817	1,5193	4,0345	0,0000
3,6875	110,2433	-0,0000	77,6296	0,0000	94,0828	-0,0000	0,0000	4,8269	0,0000
4,5093	115,8303	-0,0000	83,3848	0,0000	90,4249	-0,0000	0,0000	5,0842	0,0000
5,3312	117,4576	-0,0000	86,1575	0,0000	89,2515	-0,0000	0,0000	5,1594	0,0000
6,1531	107,8913	-0,0000	69,2100	0,0000	89,2124	-15,5276	0,6534	4,7263	0,0000
6,9749	68,3944	-20,3777	23,2359	0,0000	80,3197	-65,7092	2,7951	3,4326	0,0000

| 7,7968 | 23,2965 | -71,1892 | 0,0000 | -25,7207 | 58,0273 | -129,8232 | 5,6616 | 2,4720 | 0,0000 |
| 8,2187 | 23,2965 | -71,1892 | 17,2566 | -52,3811 | 45,8305 | -129,8232 | 5,6616 | 1,9450 | 0,0000 |

	ELU		ELS		ELU - comb. acc.	
Abscisse	V max.	V red.	V max.	V red.	V max.	V red.
(m)	(kN)	(kN)	(kN)	(kN)	(kN)	(kN)
0,8000	111,6692	114,6428	81,8113	84,0185	101,6315	103,8342
1,2219	109,1545	112,1341	79,9486	82,1557	99,7688	101,9759
2,0437	104,2556	107,2351	76,3198	78,5269	96,1399	98,3470
2,8656	99,3566	102,3362	72,6909	74,8980	92,5110	94,7181
3,6875	9,1290	12,1086	6,6099	8,8170	23,3018	25,5089
4,5093	4,2300	7,2096	2,9810	5,1881	19,6729	21,8800
5,3312	-2,7255	3,0173	-2,0189	2,2071	-19,8076	18,2511
6,1531	-76,7738	-73,7942	-56,3313	-54,1242	-79,1810	-76,9738
6,9749	-81,6728	-78,6932	-59,9602	-57,7531	-82,8098	-80,6027
7,7968	-86,5718	-83,5922	-63,5891	-61,3820	-86,4387	-84,2316
8,2187	-89,0864	-86,1069	-65,4518	-63,2447	-88,3014	-86,0943

Abscisse	ε_α	$\varepsilon_{\alpha\chi}$	ε_β	σ_α	$\sigma_{\alpha\chi}$	$\sigma_\beta{}^*$
(m)				(MPa)	(MPa)	(MPa)
0,8000	1,2370	0,0000	-0,5482	247,4026	0,0000	-7,3092
1,2219	0,8303	0,0000	-0,3679	166,0526	0,0000	-4,9058
2,0437	0,0233	0,0000	-0,0265	4,6573	0,0000	-0,3529
2,8656	0,9021	0,0000	-0,0000	0,0000	0,0000	0,0000
3,6875	1,2730	0,0000	-0,0000	0,0000	0,0000	0,0000
4,5093	1,3660	0,0000	-0,0000	0,0000	0,0000	0,0000
5,3312	1,4128	0,0000	-0,0000	0,0000	0,0000	0,0000
6,1531	1,1358	0,0000	-0,0000	0,0000	0,0000	0,0000
6,9749	0,0670	0,0000	-0,0000	0,0000	0,0000	0,0000
7,7968	0,0741	0,0000	-0,0843	14,8243	0,0000	-1,1234
8,2187	0,5841	0,0000	-0,2344	116,8241	0,0000	-3,1252

2.6.2 P2 : Travée de 9,0187 à 12,3464 (m)

	ELU		ELS		ELU - comb. acc.		A chapeau	A travée	A compr.
Abscisse	M max.	M min.	M max.	M min.	M max.	M min.	(cm2)	(cm2)	(cm2)
(m)	(kN*m)	(kN*m)	(kN*m)	(kN*m)	(kN*m)	(kN*m)			
9,0187	72,7211	-0,0000	52,2886	0,0000	239,8759	-160,8763	7,0855	10,8743	0,0000
9,3942	72,7211	-0,0000	45,4229	0,0000	239,8759	-160,8763	7,0855	10,8743	0,0000
9,7820	65,4091	-0,0000	37,6697	0,0000	200,1074	-127,6337	5,5663	8,9517	0,0000
10,1698	54,7183	-0,0000	29,2526	0,0000	145,1909	-82,6610	3,5492	6,3650	0,0000
10,5575	43,1312	-4,0250	21,0214	0,0000	89,6956	-51,2934	2,1754	3,8510	0,0000
10,9453	31,5299	-22,6789	4,8434	0,0000	87,0660	-109,0685	4,7199	3,7407	0,0000
11,3331	11,7082	-47,0910	0,0000	-11,9985	117,0686	-167,6065	7,3994	5,0796	0,0000
11,7209	1,5172	-72,7668	0,0000	-29,5043	146,4338	-227,1072	10,2537	6,4222	0,0000
12,1086	0,9473	-83,1023	0,0000	-47,6741	157,2694	-249,9610	11,3756	6,9180	0,0000
12,3464	0,9473	-83,1023	0,7017	-59,9242	157,2694	-249,9610	11,3756	6,9180	0,0000

	ELU		ELS		ELU - comb. acc.	
Abscisse	V max.	V red.	V max.	V red.	V max.	V red.
(m)	(kN)	(kN)	(kN)	(kN)	(kN)	(kN)
9,0187	-18,4102	-24,7253	-12,8020	-17,4798	-134,9526	-139,6305
9,3942	-20,6487	-26,9638	-14,4602	-19,1380	-136,6108	-141,2887
9,7820	-22,9602	-29,2753	-16,1723	-20,8502	-138,3230	-143,0008
10,1698	-25,2716	-31,5867	-17,8845	-22,5624	-140,0351	-144,7130
10,5575	-50,3111	-56,6263	-36,1863	-40,8642	-141,7359	-146,4137
10,9453	-52,6226	-58,9377	-37,8985	-42,5763	-143,4480	-148,1259
11,3331	-54,9340	-61,2491	-39,6106	-44,2885	-145,1602	-149,8381
11,7209	-57,2454	-63,5606	-41,3228	-46,0007	-146,8724	-151,5502
12,1086	-59,5569	-65,8720	-43,0350	-47,7129	-148,5846	-153,2624
12,3464	-60,9742	-67,2893	-44,0849	-48,7627	-149,6344	-154,3123

Abscisse	ε_α	$\varepsilon_{\alpha\chi}$	ε_β	σ_α	$\sigma_{\alpha\chi}$	$\sigma_\beta{}^*$
(m)				(MPa)	(MPa)	(MPa)
9,0187	0,3790	0,0000	-0,0000	0,0000	0,0000	0,0000
9,3942	0,3878	0,0000	-0,0000	0,0000	0,0000	0,0000
9,7820	0,0937	0,0000	-0,0000	0,0000	0,0000	0,0000
10,1698	0,0719	0,0000	-0,0000	0,0000	0,0000	0,0000
10,5575	0,0512	0,0000	-0,0000	0,0000	0,0000	0,0000
10,9453	0,0119	0,0000	-0,0000	0,0000	0,0000	0,0000
11,3331	0,0294	0,0000	-0,0356	5,8718	0,0000	-0,4743
11,7209	0,0725	0,0000	-0,0888	14,5095	0,0000	-1,1836
12,1086	0,4124	0,0000	-0,1950	82,4781	0,0000	-2,5997
12,3464	0,5184	0,0000	-0,2451	103,6712	0,0000	-3,2677

*- contraintes dans ELS, déformations en ELS

2.7 Ferraillage :

2.7.1   P1 : Travée de 0,8000 à 8,2187 (m)
Ferraillage longitudinal :
- Aciers inférieurs
  3   HA 500   16   l = 9,5262 de 0,0300 à 9,2769
- Aciers de montage (haut)
  3   HA 500   12   l = 8,7646 de 0,0300 à 8,5887
- Chapeaux
  3   HA 500   14   l = 5,1490 à 0,0300 à 4,9292
  3   HA 500   14   l = 3,3191 de 0,0800 à 3,1493
  3   HA 500   14   l = 7,5190 de 4,0895 à 11,6085
  3   HA 500   14   l = 5,0532 de 5,8693 à 10,9225

Ferraillage transversal :
84   HA 500   6   l = 1,4661
e = 1*0,0243 + 9*0,0900 + 23*0,2500 + 9*0,0900 (m)

2.7.2   P2 : Travée de 9,0187 à 12,3464 (m)
Ferraillage longitudinal :
- Aciers inférieurs
  3   HA 500   16   l = 4,9353 de 7,9605 à 12,6164
  3   HA 500   16   l = 4,9853 de 7,8605 à 12,5664
- Aciers de montage (haut)
  3   HA 500   12   l = 4,1737 de 8,6487 à 12,6164
- Chapeaux
  3   HA 500   16   l = 3,0294 de 9,8664 à 12,6164
  3   HA 500   16   l = 2,0594 de 10,7864 à 12,5664

Ferraillage transversal :
64   HA 500   6   l = 1,4661
e = 1*0,0078 + 15*0,0900 + 3*0,2500 + 13*0,0900 (m)

3   Quantitatif :
- Volume de Béton   = 2,2764 (m3)
- Surface de Coffrage   = 18,7596 (m2)

- Acier HA 500
  - Poids total   = 275,1668 (kG)
  - Densité   = 120,8806 (kG/m3)
  - Diamètre moyen = 9,7550 (mm)
  - Liste par diamètres :

Diamètre	Longueur (m)	Poids (kG)
6	216,9804	48,1760
12	38,8150	34,4723
14	63,1209	76,3022
16	73,6070	116,2163

ANNEXE 8 : Plan d'exécution de la semelle

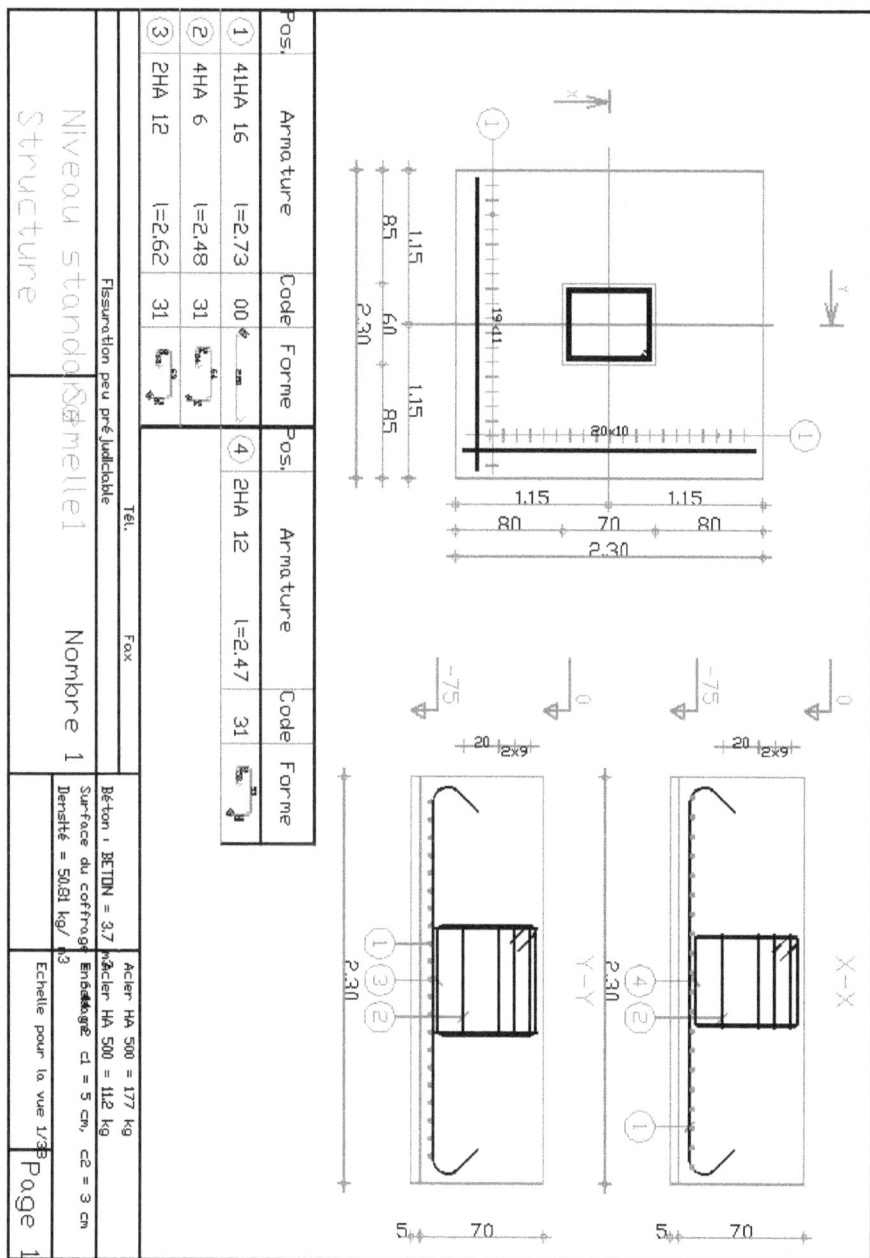

Pos.	Armature	Code	Forme
1	41HA 16 l=2.73	00	
2	4HA 6 l=2.48	31	
3	2HA 12 l=2.62	31	

Pos.	Armature	Code	Forme
4	2HA 12 l=2.47	31	

Fissuration peu préjudiciable

Niveau standard Semelle1
Structure

Nombre 1

Béton : BETON = 3.7 m3 Acier HA 500 = 177 kg
Acier HA 500 = 11.2 kg

Surface du coffrage Enrobage : c1 = 5 cm, c2 = 3 cm
Densité = 50.81 kg/ m3

Échelle pour la vue 1/38

Page 1/

Tél.   Fax

ANNEXE 9 : Note de calcul de la semelle sous le poteau A17

1   Niveau :

- Milieu   : non agressif

2   Semelle isolée : Semelle1   Nombre : 1

2.1   Caractéristiques des matériaux :

- Béton   : BETON; résistance caractéristique = 25,00 MPa
  Poids volumique = 2501,36 (kG/m3)
- Aciers longitudinaux   : type   HA 500   résistance caractéristique = 500,00 MPa
- Aciers transversaux   : type   HA 500   résistance caractéristique = 500,00 MPa

2.2   Géométrie :

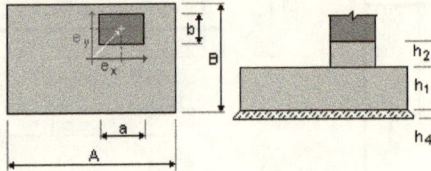

A	= 2,30 (m)	a	= 0,60 (m)
B	= 2,30 (m)	b	= 0,70 (m)
h_1	= 0,70 (m)	e_x	= 0,00 (m)
h_2	= 0,00 (m)	e_y	= 0,00 (m)
h_4	= 0,05 (m)		

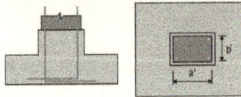

a'	= 40,0 (cm)
b'	= 40,0 (cm)
c1	= 5,0 (cm)
c2	= 3,0 (cm)

2.3   Hypothèses de calcul :

- Norme pour les calculs géotechniques : DTU 13.12
- Norme pour les calculs béton armé   : BAEL 91 mod. 99
- Condition de non-fragilité
- Forme de la semelle   : libre

2.4   Chargements :

2.4.1   Charges sur la semelle :

Cas	Nature	Groupe	N (kN)	Fx (kN)	Fy (kN)	Mx (kN*m)	My (kN*m)
G1	permanente	1	3239,54	0,00	0,00	0,00	0,00
Q1	d'exploitation	1	684,23	0,00	0,00	0,00	0,00
SEI1	sismique	1	0,00	0,00	0,00	0,00	73,16

2.4.2   Charges sur le talus :

Cas	Nature	Q1 (kN/m2)

2.4.3   Liste de combinaisons

1/	ELU : 1.35G1
2/	ELU : 1.00G1
3/	ELU : 1.35G1+1.50Q1
4/	ELU : 1.00G1+1.50Q1
5/	ELS : 1.00G1
6/	ELS : 1.00G1+1.00Q1
7/	ACC : 1.00G1+0.75Q1+1.00Q2
8/	ACC : 1.00G1+1.00Q2
9/	ACC : 1.00G1
10/	ACC : 1.00G1+0.75Q1-1.00Q2
11/	ACC : 1.00G1-1.00Q2
12/*	ELU : 1.35G1
13/*	ELU : 1.00G1
14/*	ELU : 1.35G1+1.50Q1
15/*	ELU : 1.00G1+1.50Q1
16/*	ELS : 1.00G1
17/*	ELS : 1.00G1+1.00Q1
18/*	ACC : 1.00G1+0.80Q1+1.00Q2
19/*	ACC : 1.00G1+1.00Q2
20/*	ACC : 1.00G1
21/*	ACC : 1.00G1+0.80Q1-1.00Q2
22/*	ACC : 1.00G1-1.00Q2

2.5   Sol :

Contraintes dans le sol : σ_{sol} = 0.70 (MPa)

Niveau du sol : N_1 = 0,00 (m)
Niveau maximum de la semelle : N_a = 0,00 (m)
Niveau du fond de fouille : N_f = -0,50 (m)

Roches fragmentées
- Niveau du sol :   0.00 (m)
- Poids volumique: 2702.25 (kG/m3)
- Poids volumique unitaire: 3008.16 (kG/m3)
- Angle de frottement interne :   10.0 (Deg)
- Cohésion : 0.00 (MPa)

2.6   Résultats des calculs :

2.6.1   Ferraillage théorique
Semelle isolée :

Aciers inférieurs :

ELU : 1.35G1+1.50Q1
My = 1037,28 (kN*m) A_{sx} = 17,93 (cm2/m)

ELU : 1.35G1+1.50Q1
Mx = 961,49 (kN*m) A_{sy} = 16,87 (cm2/m)

$A_{s\,min}$ = 6,40 (cm2/m)

Aciers supérieurs :

A'_{sx} = 0,00 (cm2/m)
A'_{sy} = 0,00 (cm2/m)

$A_{s\,min}$ = 0,00 (cm2/m)

Fût :

Aciers longitudinaux   A   = 0,00 (cm2) $A_{min.}$ = 0,00 (cm2)
                              A   = 2 * (Asx + Asy)
                              Asx = 0,00 (cm2)   Asy = 0,00 (cm2)

2.6.2   Niveau minimum réel = -0,70 (m)

2.6.3   Analyse de la stabilité

Calcul des contraintes

Type de sol sous la fondation: uniforme
Combinaison dimensionnante   **ELU : 1.35G1+1.50Q1**
Coefficients de chargement: **1.35** * poids de la fondation
                                     1.35 * poids du sol
Résultats de calculs: au niveau du sol
Poids de la fondation et du sol au-dessus de la fondation: Gr = 122,63 (kN)
Charge dimensionnante:
     Nr = 5522,35 (kN)   Mx = 0,00 (kN*m)   My = 0,00 (kN*m)
Dimensions équivalentes de la fondation:
     B' = 1
     L' = 1
Epaisseur du niveau: Dmin = 0,70 (m)

Méthode de calculs de la contrainte de rupture: pressiométrique de contrainte (ELS),

(DTU 13.12, 3.22)

q ELS = 0.70 (MPa)
qu = 2.10 (MPa)

Butée de calcul du sol:
qlim = qu / γf = 1.05 (MPa)
     γf = 2,00

Contrainte dans le sol :   qref = 1.04 (MPa)
Coefficient de sécurité : qlim / qref = 1.006 > 1

Soulèvement

Soulèvement ELU
Combinaison dimensionnante   **ELU : 1.00G1**
Coefficients de chargement: **1.00** * poids de la fondation
                                     1.00 * poids du sol
Poids de la fondation et du sol au-dessus de la fondation: Gr = 90,83 (kN)
Charge dimensionnante:
     Nr = 3330,37 (kN)   Mx = 0,00 (kN*m)   My = 0,00 (kN*m)
Surface de contact   s   = 100,00 (%)
                         slim = 10,00 (%)

Soulèvement ELS
Combinaison défavorable :   **ELS : 1.00G1**
Coefficients de chargement: **1.00** * poids de la fondation
                                     1.00 * poids du sol
Poids de la fondation et du sol au-dessus de la fondation: Gr = 90,83 (kN)
Charge dimensionnante:
     Nr = 3330,37 (kN)   Mx = 0,00 (kN*m)   My = 0,00 (kN*m)
Surface de contact   s   = 100,00 (%)
                         slim = 100,00 (%)

Glissement
Combinaison dimensionnante   **ELU : 1.00G1**
Coefficients de chargement: **1.00** * poids de la fondation
                                     1.00 * poids du sol

Poids de la fondation et du sol au-dessus de la fondation: Gr = 90,83 (kN)
Charge dimensionnante:
   Nr = 3330,37 (kN)   Mx = 0,00 (kN*m)   My = 0,00 (kN*m)
Dimensions équivalentes de la fondation: A_ = 2,30 (m)   B_ = 2,30 (m)
Surface du glissement: 5,29 (m2)
Cohésion :   C = 0.00 (MPa)
Coefficient de frottement fondation - sol: tg(ϕ) = 0,18
Valeur de la force de glissement   F = 0,00 (kN)
Valeur de la force empêchant le glissement de la fondation:
   - su niveau du sol: F(stab) = 587,23 (kN)
Stabilité au glissement : ∞

Renversement
Autour de l'axe OX
Combinaison dimensionnante   **ELU : 1.00G1**
Coefficients de chargement: **1.00** * poids de la fondation
                               1.00 * poids du sol
Poids de la fondation et du sol au-dessus de la fondation: Gr = 90,83 (kN)
Charge dimensionnante:
   Nr = 3330,37 (kN)   Mx = 0,00 (kN*m)   My = 0,00 (kN*m)
Moment stabilisateur : M_{stab} = 3829,93 (kN*m)
Moment de renversement : M_{renv} = 0,00 (kN*m)
Stabilité au renversement : ∞

Autour de l'axe OY
Combinaison défavorable :   **ACC : 1.00G1+1.00Q2**
Coefficients de chargement: **1.00** * poids de la fondation
                               1.00 * poids du sol
Poids de la fondation et du sol au-dessus de la fondation: Gr = 90,83 (kN)
Charge dimensionnante:
   Nr = 3330,37 (kN)   Mx = 0,00 (kN*m)   My = 73,16 (kN*m)
Moment stabilisateur : M_{stab} = 3829,93 (kN*m)
Moment de renversement : M_{renv} = 73,16 (kN*m)
Stabilité au renversement :   52.35 > 1

Poinçonnement
Combinaison dimensionnante   **ELU : 1.35G1+1.50Q1**
Coefficients de chargement: **1.00** * poids de la fondation
                               1.00 * poids du sol
Charge dimensionnante:
   Nr = 5490,56 (kN)   Mx = 0,00 (kN*m)   My = 0,00 (kN*m)
Longueur du périmètre critique :   4,80 (m)
Force de poinçonnement :   2344,12 (kN)
Hauteur efficace de la section h_{eff} = 0,70 (m)
Contrainte de cisaillement :   0,70 (MPa)
Contrainte de cisaillement admissible : 0,75 (MPa)
Coefficient de sécurité :   1.075 > 1

2.7   Ferraillage :
2.7.1   Semelle isolée :
Aciers inférieurs :
En X :
   21 HA 500 16   l = 2,73 (m)   e = 1*-1,10
En Y :
   20 HA 500 16   l = 2,73 (m)   e = 0,11
Aciers supérieurs :

2.7.2   Fût
Aciers longitudinaux

En X :
2 HA 500 12   l = 2,62 (m)   e = 1*-0,24 + 1*0,49

En Y :
2 HA 500 12   l = 2,47 (m)   e = 1*-0,26

Aciers transversaux
4 HA 500 6   l = 2,48 (m)   e = 1*0,27

3   Quantitatif :

- Volume de Béton   = 3,70 (m3)
- Surface de Coffrage   = 6,44 (m2)

- Acier HA 500
  - Poids total   = 187,91 (kG)
  - Densité   = 50,74 (kG/m3)
  - Diamètre moyen   = 14,9 (mm)
  - Liste par diamètres :

Diamètre	Longueur (m)	Poids (kG)
6	9,91	2,20
12	10,18	9,04
16	111,89	176,67

ANNEXE 10 : Calcul du vent

Généralités et définitions

On admet que le vent a une direction d'ensemble moyenne horizontale, mais qu'il peut venir de n'importe quel côté. L'action du vent sur un ouvrage et sur chacun de ses éléments dépend des caractéristiques suivantes :

- Vitesse du vent.
- Catégorie de la construction et de ses proportions d'ensemble.
- Configuration locale du terrain (nature du site).
- Position dans l'espace : (constructions reposants sur le sol ou éloignées du sol) .
- Perméabilité de ses parois : (pourcentage de surface des ouvertures dans la surface totale de la paroi).

Détermination de la pression de calcul du vent

Les actions dues au vent se manifestent par des pressions exercées normalement aux surfaces (qui, pour des constructions basses sont souvent admises uniformes). Ses pressions peuvent être positives (surpression intérieure ou, tout simplement, pression) ou négatives (dépression intérieure ou succion).

On définit par pression dynamique, la pression qu'exerce le vent sur un élément placé normalement par rapport à la direction de l'écoulement d'air, lorsque la vitesse du filet d'air qui frappe l'élément vient s'annuler.

La pression s'exerçant à prendre en compte dans les calculs est donnée par :

$$W = q_{10} \times K_s \times K_m \times K_h \times \beta \times \delta \times (C_e - C_i)$$

Avec :

- q_{10} : pression dynamique de base à 10 m
- K_h : est un coefficient correcteur du à la hauteur au dessus du sol.
- K_s : est un coefficient qui tient compte de la nature du site ou se trouve la construction considérée.
- K_m : est le coefficient de masque.
- β : est le coefficient de majoration dynamique.
- δ : est un coefficient de réduction des pressions dynamiques.
- Ce et Ci sont les coefficients de pression extérieure et intérieure

Le détail de calcul du vent est représenté sur l'Annexe15.

a. Pression dynamique de base q_{10}

C'est la pression qui s'exerce à une hauteur de 10 m, pour un site normal, sans effet de masque sur un élément dont la plus grande dimension vaut 0.50 m. La distinction est faite entre la pression dynamique normale (pouvant être atteinte plusieurs fois au cours d'une année, et que la construction est sensée pouvoir supporter sans encaisser de dommage), et la pression dynamique extrême (exceptionnelle, pouvant occasionner des désordres mineurs dans la construction sans entraîner sa ruine complète).

Selon la carte du vent du MAROC, on a pour la ville de Casablanca qui se trouvant dans la région 1 une vitesse de V = 39 m/s.

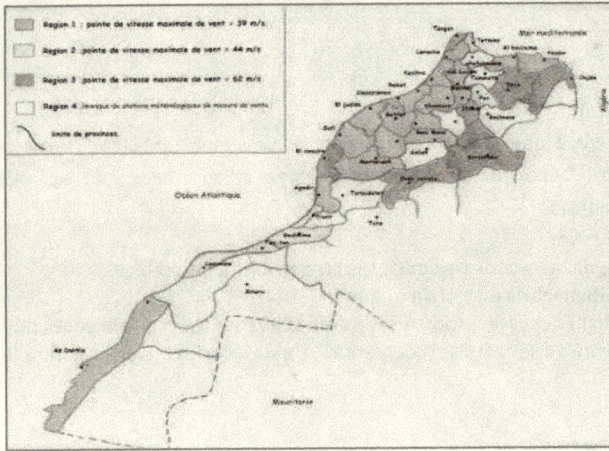

Figure 1 : Carte Marocaine de répartition régionale des Maximum de vitesses de vent

Le rapport de la pression dynamique extrême à la pression dynamique de base normale est égal à 1.75. D'où :

- ✓ Pression de base extrême : $\quad q_{10} = \dfrac{v^2}{16.3} = 93.1 \, daN/m^2$

- ✓ Pression de base normale : $\quad q_{10} = \dfrac{q_{extreme}}{1.75} = 53.32 \, daN/m^2$

b. Coefficient correcteur du à la hauteur au dessus du sol K_h :

La variation de la vitesse du vent avec la hauteur h dépend de plusieurs facteurs : le site, la vitesse maximale du vent et le freinage dû au sol.

Pour h compris entre 0 et 500 m : $\qquad \boxed{K_h = 2.5 \times \dfrac{h+18}{h+60}}$

La hauteur h est comptée à partir du sol environnant supposé sensiblement horizontal dans un grand périmètre en plaine autour de la construction.

Le tableau suivant donne les valeurs de K_h correspondantes à chaque étage :

Niveau	h (m)	K_h
Mezz	3.45	0.845
RDC	6.45	0.924
1^{ier} étage	9.55	0.990
2ème étage	12.65	1.054
3ème étage	15.75	1.114
4ème étage	18.85	1.168
5ème étage	21.95	1.218
6ème étage	25.05	1.265
Terrasse	28.15	1.309

Tableau 1: Variation du coefficient K_h selon la hauteur

c. Coefficient de la nature du site K_s

À l'intérieur d'une région à laquelle correspondent des valeurs déterminées des pressions dynamiques de base, il convient de tenir compte de la nature du site d'implantation de la construction. Les valeurs des pressions dynamiques de base normales et extrême définies ci-dessus doivent être multipliées par un coefficient de site Ks.

Les coefficients de site K_s sont donnés par le tableau 2 suivant en fonction de la nature du site (protégé, normal ou exposé).

Le tableau suivant donne les valeurs correspondantes à chaque région et pour chaque site:

Région	I	II	III	IV
Site exposé	1.35	1.30	1.25	1.20
Site normal	1.00	1.00	1.00	1.00
Site protégé	0.80	0.80	0.80	0.80

Tableau 2: Les coefficients des sites.

Notre projet se trouvent dans un site normal donc Ks = 1.00

d. Coefficient de masque K_m

Il y a effet de masque lorsqu'une construction est masquée partiellement ou totalement par d'autres constructions ayant une grande probabilité de durée. Une réduction d'environ 25% de la pression dynamique de base peut être appliquée dans le cas où on peut compter sur un effet d'abri résultant de la présence d'autres constructions. Mais pour des raisons de sécurité on prend généralement Km = 1.

Notre construction du vent n'est pas masquée, donc il n'y a pas des réductions des actions du vent : d'où Km = 1.

e. Coefficient de dimension δ

Le vent est irrégulier, surtout au voisinage du sol, et ne souffle pas avec la même vigueur simultanémen
en tous points d'une même surface ; la pression moyenne diminue ainsi quand la surface frappé
augmente.

Les pressions dynamiques exercées sur les éléments de la construction sont réduites d'un coefficient δ
fonction de la plus grande dimension (horizontale ou verticale) de la surface offerte au vent, et de la côte H
du point le plus haut de la construction.

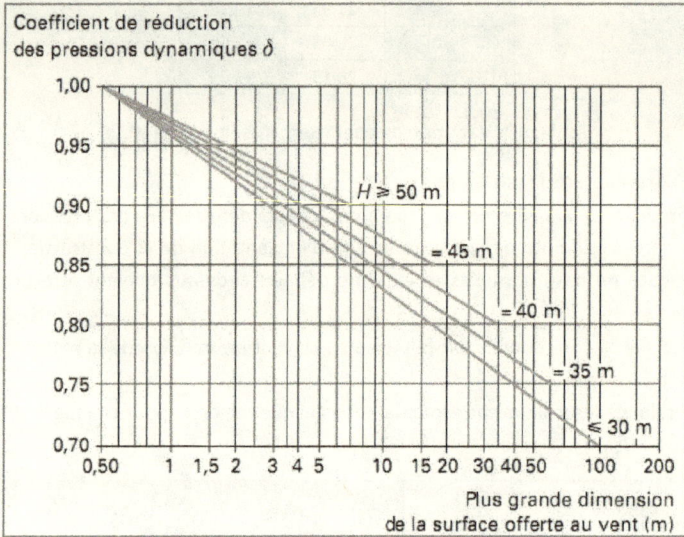

Figure 2 : Abaque du coefficient de dimension δ

Pour notre projet on a : H = 28.15m ≤ 30m et la plus grande dimension de la surface offert au vent =
44.5m, donc $\delta = 0.74$

f. Les coefficients de pression

Coefficient de pression extérieure Ce

Pour une direction donnée du vent, les faces de la construction situées du côté du vent sont dites "au vent"
les autres y compris les faces pour lesquelles le vent est rasant, sont dites "sous vent".

Paroi AB " au vent "

Parois BC, CD et AD " sous vent "

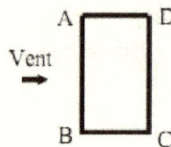

- $C_e = +0,8$ " au vent "
- $C_e = -(1,3\ \gamma_0 - 0,8)$ " sous vent "

Avec γ_0 : coefficient donné par le diagramme suivant en fonction des dimensions de la construction.

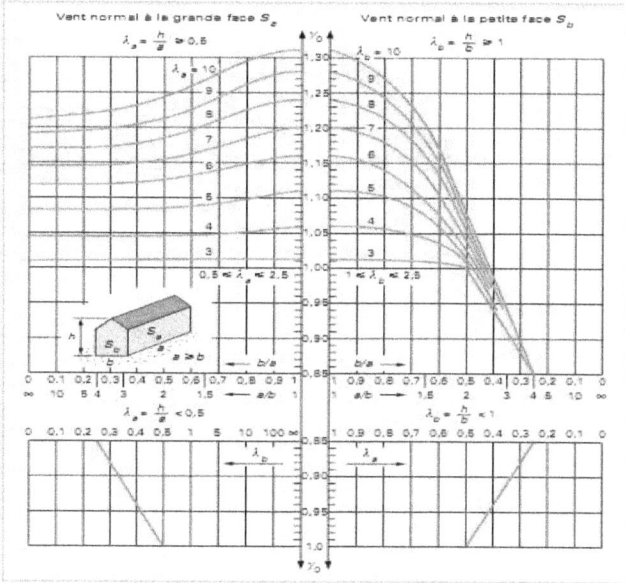

Figure 3: Diagramme du coefficient γ_0

a (m)	b (m)	h (m)	a/b	le long pan		Le pignon	
				λ_a	γ_0	λ_b	γ_0
44.5	22.15	28.15	2	0.63	1	1.27	1

Tableau 3 : Résultats de valeurs de γ_0.

Vent normal au long pan :

- $C_e = +0,8$ " au vent "
- $C_e = -(1,3\ \gamma_0 - 0,8) = -0,5$ " sous vent "

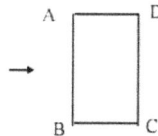

Vent normal au pignon :

- $Ce = +0,8$ " au vent "
- $Ce = -(1,3\, \gamma_0 - 0,8) = -0,5$ " sous vent "

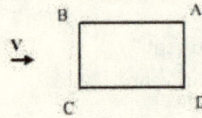

Coefficient de pression intérieure Ci

Le coefficient de pression intérieur " C_i " est déterminé en fonction de la direction du vent et des perméabilités des parois (pourcentage de surface des ouvertures dans la surface totale de la paroi) qui permet à l'effet du vent de se manifester à l'intérieur du bâtiment par une surpression ou une dépression.

Dans notre projet, il s'agit d'une construction ouverte au vent des deux cotés ($\mu > 35\%$ pour les deux cotés). Alors :

Vent normal au long pan :

- $Ci = +0.6\,(1.8 - 1.3\, \gamma_0) = +0.3$ " Surpression "
- $Ci = -0.6\,(1.3\, \gamma_0 - 0.8) = -0.3$ " Dépression "

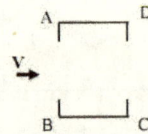

Vent normal au pignon :

- $Ci = +0.6\,(1.8 - 1.3\, \gamma_0) = +0.3$ " Surpression "
- $Ci = -(1.3\, \gamma_0 - 0.8) = -0.5$ " Dépression "

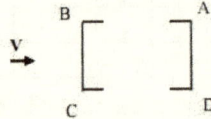

g. Coefficient de majoration dynamique β

Dans la direction du vent, il existe une interaction dynamique entre les forces engendrées par les rafales de vent et la structure elle-même.

La connaissance du mode fondamental d'oscillation de la structure dans la direction de vent étudiée est primordiale pour la prise en compte de ce phénomène. Plus la structure sera flexible (grande période d'oscillation) et plus les amplifications des déformations, et donc des efforts dans la structure, seront importantes.

Pour tenir compte de cet effet, il faut pondérer les pressions dynamiques de base par un coefficient « d'amplification dynamique » β.

$$\beta = \theta\,(1 + \xi.\tau)$$

Avec :
- θ : Coefficient global qui est en fonction du type de.
- ξ : Coefficient de réponse qui est en fonction de la période T du mode fondamental d'oscillation de la structure.

- τ : Coefficient de pulsation déterminé à chaque niveau de la structure en fonction de sa hauteur H au-dessus du sol.

Détermination de ξ :

La période fondamentale de notre structure donnée par le RPS2000 est T=0.085.N, avec N est le nombre d'étages.

N = 6, donc T = 0.51s

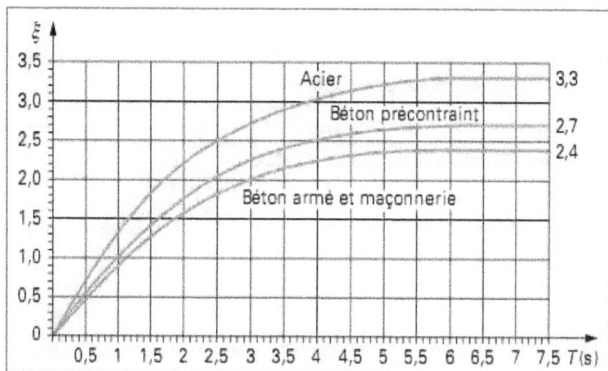

Figure 4 : Coefficient de réponse ξ.

Donc, ξ = 0.7

Détermination de τ

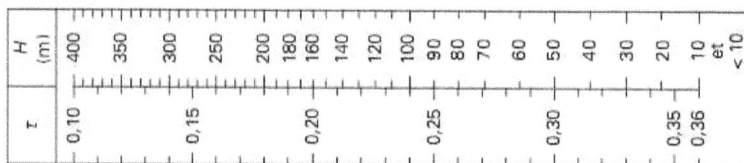

Figure 5 : Coefficient de pulsation τ.

Donc, pour tout les étages τ = 0.36

Détermination de θ :

Le coefficient global dépend du type de construction et prenant la valeur 1 pour les constructions à l'exception des constructions à usage de bureaux ou d'habitation, d'où $\theta = 1$

Donc : $\beta = \theta (1 + \xi.\tau) = 1 (1 + 0.7 \times 0.36) = 1.252$

$\beta_{extrême} = \beta_{normale} (0.5 + \theta/2) = 1.252$

Résultats des sollicitations du vent appliquées sur le bâtiment

Vent normal au long pan

Niveau	q_{10}	K_h	K_m	K_s	δ	β	Surpression		Dépression	
							Ce - Ci	W (daN/m2)	Ce - Ci	W (daN/m2)
Mezz	93.1	0.845	1	1	0.74	1.252	0.5	36.44	1.1	80.17
							-0.8	-58.30	-0.2	-14.57
RDC	93.1	0.924	1	1	0.74	1.252	0.5	39.84	1.1	87.67
							-0.8	-63.74	-0.2	-15.94
1^{ier} étage	93.1	0.990	1	1	0.74	1.252	0.5	42.68	1.1	93.93
							-0.8	-68.30	-0.2	-17.07
2ème étage	93.1	1.054	1	1	0.74	1.252	0.5	45.44	1.1	100
							-0.8	-72.71	-0.2	-18.18
3ème étage	93.1	1.114	1	1	0.74	1.252	0.5	48.03	1.1	105.7
							-0.8	-76.85	-0.2	-19.21
4ème étage	93.1	1.168	1	1	0.74	1.252	0.5	50.36	1.1	110.8
							-0.8	-80.58	-0.2	-20.14
5ème étage	93.1	1.218	1	1	0.74	1.252	0.5	52.52	1.1	115.56
							-0.8	-84.03	-0.2	-21.01
6ème étage	93.1	1.265	1	1	0.74	1.252	0.5	54.54	1.1	120
							-0.8	-87.27	-0.2	-21.82
Terrasse	93.1	1.309	1	1	0.74	1.252	0.5	56.44	1.1	124.2
							-0.8	-90.30	-0.2	-22.58

Tableau 4: Récapitulatif des résultats du calcul du vent normal au long pan.

Vent normal au pignon

Niveau	q_{10}	K_h	K_m	K_s	δ	β	Surpression		Dépression	
							Ce - Ci	W (daN/m2)	Ce - Ci	W (daN/m2)
Mezz	93.1	0.845	1	1	0.74	1.252	0.5	36.44	1.3	94.75
							-0.8	-58.30	0	0
RDC	93.1	0.924	1	1	0.74	1.252	0.5	39.84	1.3	103.6
							-0.8	-63.74	0	0
1^{ier} étage	93.1	0.990	1	1	0.74	1.252	0.5	42.68	1.3	111
							-0.8	-68.30	0	0
2ème étage	93.1	1.054	1	1	0.74	1.252	0.5	45.44	1.3	117.17
							-0.8	-72.71	0	0
3ème étage	93.1	1.114	1	1	0.74	1.252	0.5	48.03	1.3	124.91
							-0.8	-76.85	0	0
4ème étage	93.1	1.168	1	1	0.74	1.252	0.5	50.36	1.3	130.96
							-0.8	-80.58	0	0
5ème étage	93.1	1.218	1	1	0.74	1.252	0.5	52.52	1.3	136.57
							-0.8	-84.03	0	0
6ème étage	93.1	1.265	1	1	0.74	1.252	0.5	54.54	1.3	141.84
							-0.8	-87.27	0	0
Terrasse	93.1	1.309	1	1	0.74	1.252	0.5	56.44	1.3	146.77
							-0.8	-90.30	0	0

Tableau 5: Récapitulatif des résultats du calcul du vent normal au pignon.

ANNEXE 11 : Note de calcul de la poutre #2589

NORME : *NF EN 1993-1-1*
TYPE D'ANALYSE : Vérification des pièces

FAMILLE :
PIECE : 2589 Poutre_2589   **POINT :** 3   **COORDONNEE :** x = 1.00 L = 7.2600 m

---

CHARGEMENTS :
Cas de charge décisif : 4 ELU (1+2)*1.3500+3*1.5000

MATERIAU :
ACIER   fy = 235.0000 MPa

PARAMETRES DE LA SECTION : HEA 550
t=54.0000 cm
f=30.0000 cm   Ay=144.0000 cm2   Az=67.5000 cm2   Ax=211.7580 cm2
a=1.2500 cm   Iy=111932.0000 cm4 Iz=10819.1000 cm4 Ix=386.0000 cm4
s=2.4000 cm   Wely=4145.6296 cm3 Welz=721.2733 cm3

CONTRAINTES :   SigN = 90.3301/211.7580 = 4.2657 MPa
                    SigFy = 41.3468/4145.6296 = 9.9736 MPa
                    SigFz = 0.0498/721.2733 = 0.0691 MPa

PARAMETRES DE DEVERSEMENT :
z=1.0000   B=1.0000   D=1.4161   Sig D=88.6803 MPa
D_inf=7.2600 m   C=1.0000   kD=1.1531

PARAMETRES DE FLAMBEMENT :
   en y :   en z :

FORMULES DE VERIFICATION :
SigN + kD*kFy*SigFy + kFz*SigFz = 4.2657 + 1.1531*1.0000*9.9736 + 1.0000*0.0691 = 15.8353 < 235.0000 MPa (3.731)
.54*Tauy = |1.5400*-0.0034| = |-0.0052| < 235.0000 MPa (1.313)
.54*Tauz = |1.5400*-5.2083| = |-8.0208| < 235.0000 MPa (1.313)

DEPLACEMENTS LIMITES

   Flèches
uy = 0.0008 cm < uy max = L/200.0000 = 3.6300 cm   Vérifié
Cas de charge décisif : 8 Sismique R.P.S. 2000 Dir. - masses_Y
uz = 0.0425 cm < uz max = L/200.0000 = 3.6300 cm   Vérifié
Cas de charge décisif : 5 ELS (1+2+3)*1.0000

   Déplacements Non analysé

Profil correct !!!

ANNEXE 12 : Note de calcul du poteau A17

NORME : *NF EN 1993-1-1*
TYPE D'ANALYSE : Vérification des pièces

FAMILLE :
PIECE : 26 Poteau_26   **POINT :** 3   **COORDONNEE :** x = 1.00 L = 3.1000 m

---

CHARGEMENTS :
Cas de charge décisif : 4 ELU (1+2)*1.3500+3*1.5000

MATERIAU :
ACIER   fy = 235.0000 MPa

PARAMETRES DE LA SECTION : HEA 700

ht=69.0000 cm
bf=30.0000 cm   Ay=162.0000 cm2   Az=100.0500 cm2   Ax=260.4780 cm2
ea=1.4500 cm   Iy=215301.0000 cm4   Iz=12178.8000 cm4   Ix=513.8900 cm4
es=2.7000 cm   Wely=6240.6087 cm3   Welz=811.9200 cm3

CONTRAINTES :   SigN = 2621.6955/260.4780 = 100.6494 MPa
                           SigFy = 51.0443/6240.6087 = 8.1794 MPa
                           SigFz = 50.8325/811.9200 = 62.6078 MPa

---

PARAMETRES DE DEVERSEMENT :

PARAMETRES DE FLAMBEMENT :

en y :   en z :

Ly=3.1000 m   Muy=177.1167   Lz=3.1000 m   Muz=10.0189
Lfy=3.1000 m   k1y=1.0017   Lfz=3.1000 m   k1z=1.0344
Lambda y=10.7826   kFy=1.0088   Lambda z=45.3362   kFz=1.1778

FORMULES DE VERIFICATION :
k1*SigN + kFy*SigFy + kFz*SigFz = 1.0344*100.6494 + 1.0088*8.1794 + 1.1778*62.6078 = 186.1020 < 235.0000 MPa
(3.731)
1.54*Tauy = |1.5400*-1.5215| = |-2.3431| < 235.0000 MPa (1.313)
1.54*Tauz = 1.5400*2.5622 = 3.9458 < 235.0000 MPa (1.313)

DEPLACEMENTS LIMITES

Flèches Non analysé

Déplacements
vx = 0.0071 cm < vx max = L/150.0000 = 2.0667 cm   Vérifié
Cas de charge décisif : 7 Sismique R.P.S. 2000 Dir. - masses_X
vy = 0.0126 cm < vy max = L/150.0000 = 2.0667 cm   Vérifié
Cas de charge décisif : 8 Sismique R.P.S. 2000 Dir. - masses_Y

Profil correct !!!

Calcul du Pied de Poteau encastré
'Les pieds de poteaux encastrés' de Y.Lescouarc'h (Ed. CTICM)

OK

Ratio
0,7760

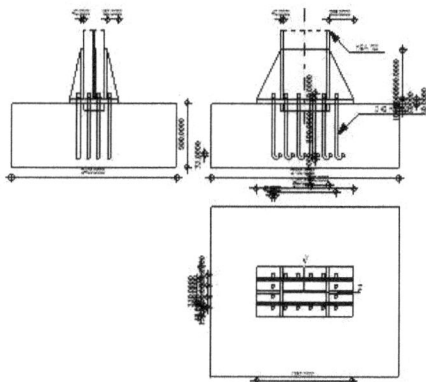

GENERAL

Assemblage N° : 1
Nom de l'assemblage : Pied de poteau encastré
Noeud de la structure : 51
Barres de la structure : 26

GEOMETRIE

POTEAU

Profilé : HEA 600
Barre N° : 26

α =	0,0000	[Deg]	Angle d'inclinaison
h_c =	690,0000	[mm]	Hauteur de la section du poteau
b_{fc} =	300,0000	[mm]	Largeur de la section du poteau
t_{wc} =	14,5000	[mm]	Epaisseur de l'âme de la section du poteau
t_{fc} =	27,0000	[mm]	Epaisseur de l'aile de la section du poteau
r_c =	27,0000	[mm]	Rayon de congé de la section du poteau
A_c =	260,4780	[cm^2]	Aire de la section du poteau
I_{yc} =	215301,0000	[cm^4]	Moment d'inertie de la section du poteau
Matériau :	ACIER		
σ_{ec} =	235,0000	[MPa]	Résistance

PLAQUE PRINCIPALE DU PIED DE POTEAU

l_{pd} =	1400,0000	[mm]	Longueur
b_{pd} =	700,0000	[mm]	Largeur
t_{pd} =	60,0000	[mm]	Epaisseur
Matériau :	ACIER		
σ_e =	235,0000	[MPa]	Résistance

PLATINE DE PRESCELLEMENT

l_{pp} =	1380,0000	[mm]	Longueur

PLATINE DE PRESCELLEMENT

l_{pp} =	1380,0000	[mm]	Longueur
b_{pp} =	330,0000	[mm]	Largeur
t_{pp} =	5,0000	[mm]	Epaisseur

ANCRAGE

Classe =	HR 10.9		Classe de tiges d'ancrage
d =	42,0000	[mm]	Diamètre du boulon
d_0 =	42,0200	[mm]	Diamètre des trous pour les tiges d'ancrage
n_H =	6		Nombre de colonnes des boulons
n_V =	4		Nombre de rangéss des boulons

Ecartement e_{Hi} = 180,0000;180,0000;180,0000 [mm]
Entraxe e_{Vi} = 150,0000;150,0000 [mm]

Dimensions des tiges d'ancrage

L_1 =	80,0000	[mm]
L_2 =	800,0000	[mm]
L_3 =	96,0000	[mm]
L_4 =	32,0000	[mm]

Plaquette

l_{wd} =	40,0000	[mm]	Longueur
b_{wd} =	48,0000	[mm]	Largeur
t_{wd} =	10,0000	[mm]	Epaisseur

BECHE

Profilé :			HEA 600
h_w =	100,0000	[mm]	Hauteur
Matériau :	ACIER		
σ_e =	235,0000	[MPa]	Résistance

RAIDISSEUR

l_r =	355,0000	[mm]	Longueur
w_r =	700,0000	[mm]	Largeur
h_s =	690,0000	[mm]	Hauteur
t_s =	40,0000	[mm]	Epaisseur

SEMELLE ISOLEE

L =	2700,0000	[mm]	Longueur de la semelle
B =	2400,0000	[mm]	Largeur de la semelle
H =	900,0000	[mm]	Hauteur de la semelle

BETON

f_{c28} =	25,0000	[MPa]	Résistance
σ_{bc} =	14,1667	[MPa]	Résistance
n =	7,0000		ratio Acier/Béton

SOUDURES

a_p =	19,0000	[mm]	Plaque principale du pied de poteau
a_w =	4,0000	[mm]	Bêche
a_s =	15,0000	[mm]	Raidisseurs

EFFORTS

Cas :			1: PERM1
N =	-946,9907	[kN]	Effort axial
Q_y =	7,2608	[kN]	Effort tranchant

Étude parasismique d'un bâtiment R+6 en deux variantes : Béton armé et charpente métallique

N =	-946,9907	[kN]	Effort axial
Q_z =	-7,1638	[kN]	Effort tranchant
M_y =	8,0540	[kN*m]	Moment fléchissant
M_z =	7,5367	[kN*m]	Moment fléchissant

RESULTATS

BETON

PLAN XZ

d_{tz} =	450,0000	[mm]	Distance de la colonne des boulons d'ancrage de l'axe Y
z_0 =	1400,0000	[mm]	Zone comprimée
p_{my} =	1,0015	[MPa]	Contrainte due à l'effort axial et au moment M_y
F_{ty} =	0,0000	[kN]	Effort de traction total dans la ligne des boulons d'ancrage

$z_0 = l_{pd}$

$p_{my} = (6*M_y + N * l_{pd}) / (b_{pd}*l_{pd}^2)$

PLAN XY

d_{ty} =	225,0000	[mm]	Distance de la rangée extrême des boulons d'ancrage de l'axe Z
y_0 =	700,0000	[mm]	Zone comprimée
p_{mz} =	1,0322	[MPa]	Contrainte due à l'effort axial et au moment M_y
F_{tz} =	0,0000	[kN]	Effort de traction total dans la ligne des boulons d'ancrage

$y_0 = b_{pd}$

$p_{mz} = (6*M_z + N * b_{pd}) / (l_{pd}*b_{pd}^2)$

VERIFICATION DU BETON POUR LA PRESSION DIAMETRALE

p_m =	1,0675	[MPa]	Contrainte maxi dans le béton
h_b =	1980,0000	[mm]	
b_b =	1950,0000	[mm]	

$p_m = p_{my} + p_{mz} - |N|/(l_{pd}*b_{pd})$

$h_b = 2*[(b/2-0.5*(n_v-1)*a_v) + a_h$

$b_b = max(2*(b/2-0.5*(n_v-1)*a_v) +a_v, b_{pd})$

$K = max(1.1; 1+(3-b_{pd}/b_b-l_{pd}/h_b) * \sqrt{[(1-b_{pd}/b_b)*(1-l_{pd}/h_b)]})$ [Lescouarc'h (1.c)]

$K =$ 1,8380   Coefficient de zone de pression diamétrale

$p_m \leq K*\sigma_{bc}$	1,0675 < 26,0389	vérifié	(0,0410)

Transfert des efforts tranchants

$t_z'| \leq (A * \sigma_e)/1.54$	$|0,0000|$ < 654,5455	vérifié	(0,0000)
$t_y'| \leq (A * \sigma_e)/1.54$	$|0,0000|$ < 654,5455	vérifié	(0,0000)

BECHE

Béton
$T_z| \leq (l - 30) * \sigma_{bc} * B$	$|-7,1638|$ < 297,5000	vérifié	(0,0241)
$T_y| \leq (l-30) * \sigma_{bc} * H$	$|7,2608|$ < 684,2500	vérifié	(0,0106)

Ame
$T_z| \leq f * t * h / \sqrt{3}$	$|-7,1638|$ < 1251,2162	vérifié	(0,0057)
$T_y| \leq f * t * h / \sqrt{3}$	$|7,2608|$ < 2197,9725	vérifié	(0,0033)

Semelle
$T_z| \leq 3*b*t*f / l / (1/h + 1/h_0)$	$|-7,1638|$ < 19701,2250	vérifié	(0,0004)
$T_y| \leq 3*b*t*f / l / (1/h + 1/h_0)$	$|7,2608|$ < 5290,1437	vérifié	(0,0014)

Soudure âme
$T_z| \leq 2/k*f * t * h / \sqrt{3}$	$|-7,1638|$ < 986,1802	vérifié	(0,0073)
$T_y| \leq 3*b*t*f / l / (1/h + 1/h_0)$	$|7,2608|$ < 2948,3322	vérifié	(0,0025)

Semelle
$T_z| \leq 2*3*b*t*f / l / (1/h + 1/h_0)$	$|-7,1638|$ < 5896,6645	vérifié	(0,0012)
$T_y| \leq (l - 30) * \sigma_{bc} * B$	$|7,2608|$ < 885,3914	vérifié	(0,0082)

Ame poteau
$T_z| \leq 3*b*t*f / l / (1/h + 1/h_0)$	$|-7,1638|$ < 4961,2782	vérifié	(0,0014)
$T_y| \leq 3*b*t*f / l / (1/h + 1/h_0)$	$|7,2608|$ < 7240,2156	vérifié	(0,0010)

PLATINE

Zone comprimée
$M_{22'}$ =	39,1247	[kN*m]	Moment fléchissant

$M_{22'} = b_{pd}/24 * (l_{pd}-h_c)^2*(p+2*p_m)$

$M_{22'} \leq \sigma_e * W$ 39,1247 < 3598,9264   vérifié   (0,0109)

Cisaillement

$V_{22'} =$	198,0000	[kN]	Effort tranchant

$V_{22'} \leq \sigma_e / \sqrt{3} * h_r * t_r * n_r / 1.5$ 198,0000 < 7489,3877   vérifié   (0,0264)

$t_{pmin} =$ 3,1272   [mm] $t_{pmin} = V_{22'} * 1.5 * \sqrt{3} / (\sigma_e * b_{pd})$

$t_{pd} \geq t_{pmin}$ 60,0000 > 3,1272   vérifié   (0,0521)

Section oblique dans la zone de la dalle comprimée

$l_1 =$	355,0000	[mm]	Distance horizontale (section 55' ou 66')
$l_2 =$	160,0000	[mm]	Distance verticale (section 55' ou 66')
$l_3 =$	389,3905	[mm]	Longueur de la section 55' $l_3 = \sqrt{[l_1^2 + l_2^2}$
$M_{55'} =$	1,4740	[kN*m]	Moment fléchissant $M_{55'} = p_m * (l_1 * l_2)^2 / (6 * l_3$

$M_{55'} \leq \sigma_e * (l_3 * t_{pd}^2)/6$ 1,4740 < 54,9041   vérifié   (0,0268)

Cisaillement

$V_{55'} =$	10,1053	[kN]	Effort tranchant $V_{55'} = p_m * l_3 * t_p$

$V_{55'} \leq \sigma_e / \sqrt{3} * l_3 * t_{pd} / 1.5$ 10,1053 < 2113,2585   vérifié   (0,0048)

Pression diamétrale

$|t_z| =$	0,0000	[kN]	Effort tranchant $t_z = (Q_z - 0.3 * N)/n$

$|t_z'| \leq 3 * d * t_{pd} * \sigma_e$ |0,0000| < 1776,6000   vérifié   (0,0000)

$|t_y| =$	0,0000	[kN]	Effort tranchant $t_y = (Q_y - 0.3 * N)/n$

$|t_y'| \leq 3 * d * t_{pd} * \sigma_e$ |0,0000| < 1776,6000   vérifié   (0,0000)

RAIDISSEUR

$V_1 =$	0,0000	[kN]	Effort tranchant $V_1 = \max(1.25 * N_j , 2 * N_j/[1 + (a_4/a_2)^2]$
$M_1 =$	0,0000	[kN*m]	Moment fléchissant $M_1 = V_1 * a$
$V_m =$	198,0000	[kN]	Effort tranchant du raidisseur $V_m = \max(V_1 , V_{22'}$
$M_m =$	39,1247	[kN*m]	Moment fléchissant du raidisseur $M_m = \max(M_1 , M_{22'}$

Epaisseur

$t_{r1} =$	3,1748	[mm]	Epaisseur minimale du raidisseur $t_{r1} = 2.6 * V_m / (\sigma_e * h_r$
$t_{r2} =$	2,9583	[mm]	Epaisseur minimale du raidisseur $t_{r2} = \sqrt{[h_r^2 * V_m^2 + 6.75 * M_m^2] / (\sigma_e * h_r * l_r}$
$t_{r3} =$	31,0387	[mm]	Epaisseur minimale du raidisseur $t_{r3} = 0.04 * \sqrt{[l_r^2 + h_r^2}$

$t_r \geq \max(t_{r1}, t_{r2}, t_{r3})$ 40,0000 > 31,0387   vérifié   (0,7760

Soudures

$a'_r =$ 1,3172   [mm] Epaisseur min de la soudure du raidisseur avec la plaque principale $a'_r = k * \sqrt{[(0.7 * V_m)^2 + (1.3 * M_m/h_r)^2]} / (l_r * \sigma_e$

$a''_r =$ 1,1112   [mm] Epaisseur min de la soudure du raidisseur avec le poteau $a''_r = k * \max(1.3 * V_m, 2.1 * M_m/h_r) / (h_r * \sigma_e$

$a_r \geq \max(a'_r, a''_r)$ 15,0000 > 1,3172   vérifié   (0,0878)

POTEAU

Ame

$t_w \geq 3 * M_m / (\sigma_{ec} * h_r^2)$ 14,5000 > 1,0491   vérifié   (0,0724)

PLATINE DE PRESCELLEMENT

Pression diamétrale

$|t_z'| \leq 3 * d * t_{pp} * \sigma_e$ |0,0000| < 148,0500   vérifié   (0,0000)

$|t_y'| \leq 3 * d * t_{pp} * \sigma_e$ |0,0000| < 148,0500   vérifié   (0,0000)

REMARQUES

Epaisseur de la soudure du raidisseur trop faible	15,0000 [mm] < 19,6000 [mm]
Rayon de la crosse trop faible.	48,0000 [mm] < 126,0000 [mm]
Longueur L4 trop faible.	32,0000 [mm] < 63,0000 [mm]
Hauteur des raidisseurs trop faible.	690,0000 [mm] < 710,0000 [mm]
Pince ancrage-raidisseur trop faible.	33,5000 [mm] < 64,5000 [mm]

Assemblage satisfaisant vis à vis de la Norme   **Ratio** 0,7760

ANNEXE 14 : NOTE DE CALCUL D'ASSEMBLAGE POTEAU HEA600
AVEC POUTRE HEA550

Calcul de l'Encastrement Traverse-Poteau
NF P 22-460

OK

Ratio
0,1018

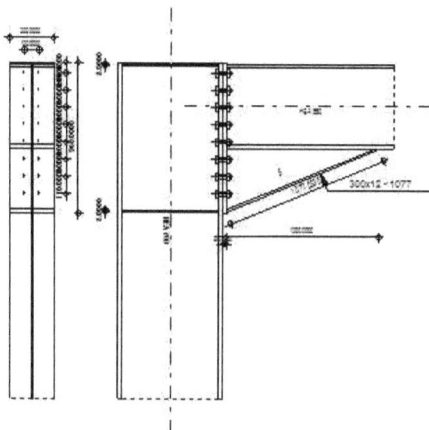

GENERAL

Assemblage N° :   2
Nom de l'assemblage :   Angle de portique
Noeud de la structure :   52
Barres de la structure :   26, 107

GEOMETRIE

POTEAU

Profilé :   HEA 600
Barre N° :   26

=	-90,0000	[Deg]	Angle d'inclinaison
$_b$ =	690,0000	[mm]	Hauteur de la section du poteau
$_{fc}$ =	300,0000	[mm]	Largeur de la section du poteau
$_{wc}$ =	14,5000	[mm]	Epaisseur de l'âme de la section du poteau
$_c$ =	27,0000	[mm]	Epaisseur de l'aile de la section du poteau
=	27,0000	[mm]	Rayon de congé de la section du poteau
$_c$ =	260,4780	[cm²]	Aire de la section du poteau
$_c$ =	215301,0000	[cm⁴]	Moment d'inertie de la section du poteau

Matériau :   ACIER
$_{ec}$ =   235,0000 [MPa]   Résistance

POUTRE

Profilé :   HEA 550
Barre N° :   107

=	0,0000	[Deg]	Angle d'inclinaison
$_b$ =	540,0000	[mm]	Hauteur de la section de la poutre
=	300,0000	[mm]	Largeur de la section de la poutre

α = 0,0000 [Deg] Angle d'inclinaison
t_{wb} = 12,5000 [mm] Epaisseur de l'âme de la section de la poutre
t_{fb} = 24,0000 [mm] Epaisseur de l'aile de la section de la poutre
r_b = 27,0000 [mm] Rayon de congé de la section de la poutre
r_b = 27,0000 [mm] Rayon de congé de la section de la poutre
A_b = 211,7580 [cm^2] Aire de la section de la poutre
I_{xb} = 111932,0000 [cm^4] Moment d'inertie de la poutre
Matériau : ACIER
σ_{eb} = 235,0000 [MPa] Résistance

BOULONS

d = 24,0000 [mm] Diamètre du boulon
Classe = HR 10.9 Classe du boulon
F_b = 254,1600 [kN] Résistance du boulon à la rupture
n_h = 2 Nombre de colonnes des boulons
n_v = 8 Nombre de rangéss des boulons
h_1 = 66,0000 [mm] Pince premier boulon-extrémité supérieure de la platine d'about
Ecartement e_i = 100,0000 [mm]
Entraxe p_i = 110,0000;110,0000;110,0000;110,0000;110,0000;110,0000;110,0000 [mm]

PLATINE

h_p = 960,0000 [mm] Hauteur de la platine
b_p = 300,0000 [mm] Largeur de la platine
t_p = 20,0000 [mm] Epaisseur de la platine
Matériau : ACIER
σ_{ep} = 235,0000 [MPa] Résistance

JARRET INFERIEUR

w_d = 300,0000 [mm] Largeur de la platine
t_{fd} = 12,0000 [mm] Epaisseur de l'aile
h_d = 400,0000 [mm] Hauteur de la platine
t_{wd} = 8,0000 [mm] Epaisseur de l'âme
l_d = 1000,0000 [mm] Longueur de la platine
α = 21,8014 [Deg] Angle d'inclinaison
Matériau : ACIER
σ_{ebu} = 235,0000 [MPa] Résistance

RAIDISSEUR POTEAU

Supérieur
h_{su} = 636,0000 [mm] Hauteur du raidisseur
b_{su} = 142,7500 [mm] Largeur du raidisseur
t_{nu} = 8,0000 [mm] Epaisseur du raidisseur
Matériau : ACIER
σ_{esu} = 235,0000 [MPa] Résistance
Inférieur
h_{sd} = 636,0000 [mm] Hauteur du raidisseur
b_{sd} = 142,7500 [mm] Largeur du raidisseur
t_{hd} = 8,0000 [mm] Epaisseur du raidisseur
Matériau : ACIER
σ_{esu} = 235,0000 [MPa] Résistance

SOUDURES D'ANGLE

a_w = 9,0000 [mm] Soudure âme
a_f = 17,0000 [mm] Soudure semelle
a_s = 9,0000 [mm] Soudure du raidisseur
a_{fd} = 5,0000 [mm] Soudure horizontale

EFFORTS

Cas : 4: ELU (1+2)*1.3500+3*1.5000

M_y =	76,8403	[kN*m]	Moment fléchissant
F_z =	-49,9533	[kN]	Effort tranchant
F_x =	6,2793	[kN]	Effort axial

RESULTATS

DISTANCES DE CALCUL

Boulon N°	Type	a_1	a_2	a_3	a_4	a_5	a_6	a'_1	a'_2	a'_3	a'_4	a'_5	a'_6	s	s_1	s_2
1	Intérieurs	31,02 21	43,75 00			7,958 4	32,00 00	15,75 00	42,75 00			35,27 21	48,00 00			
2	Centraux	31,02 21	43,75 00					15,75 00	42,75 00							110,0 000
3	Centraux	31,02 21	43,75 00					15,75 00	42,75 00							110,0 000
4	Centraux	31,02 21	43,75 00					15,75 00	42,75 00							110,0 000
5	Centraux	31,02 21	43,75 00					15,75 00	42,75 00							110,0 000
6	Centraux	31,02 21	43,75 00					15,75 00	42,75 00							110,0 000
7	Centraux	31,02 21	43,75 00					15,75 00	42,75 00							110,0 000
8	Centraux	31,02 21	43,75 00					15,75 00	42,75 00							110,0 000

x = 73,4847 [mm] Zone comprimée

$$x = e_s * \sqrt{(b/e_a)}$$

EFFORTS PAR BOULON - METHODE PLASTIQUE

Boulon N°	d_i	F_t	F_a	F_s	F_p	F_b	F_i	p_i [%]
1	877,5378	256,5561	0,0000	765,9848	343,7144	254,1600	-> 254,1600	100,0000
2	767,5378	75,6739	161,5625	235,0120	197,9074	254,1600	-> 75,6739	100,0000
3	657,5378	75,6739	161,5625	235,0120	197,9074	254,1600	-> 75,6739	100,0000
4	547,5378	75,6739	161,5625	235,0120	197,9074	254,1600	-> 75,6739	100,0000
5	437,5378	75,6739	161,5625	235,0120	197,9074	254,1600	-> 75,6739	15,2165
6	327,5378	75,6739	161,5625	235,0120	197,9074	254,1600	-> 75,6739	0,0000
7	217,5378	75,6739	161,5625	235,0120	197,9074	254,1600	-> 75,6739	0,0000
8	107,5378	75,6739	161,5625	235,0120	197,9074	254,1600	-> 75,6739	0,0000

d_i – position du boulon
F_t – effort transféré par la platine de l'élément aboutissant
F_a – effort transféré par l'âme de l'élément aboutissant
F_s – effort transféré par la soudure
F_p – effort transféré par l'aile du porteur
F_b – effort transféré par le boulon
F_i – effort sollicitant réel

VERIFICATION DE LA RESISTANCE

F_{tot} =	985,3931	[kN]	Effort total dans la semelle comprimée
M_{tot} =	754,6970	[kN*m]	Moment Résultant Total

$$F_{tot} = 2*\Sigma[F_i*(p_i/100)]$$
$$M_{tot} = 2*\Sigma[F_i*d_i*(p_i/100)] \ [9.2.2.2]$$

Moment [9.2.2.2.1]

$M_y \le M_{tot}$ 76,8403 < 754,6970   vérifié   (0,1018)

Effort tranchant [8.1.2]

Q_{adm} = 83,7433 [kN]

$$Q_{adm} = 1.1*\mu_v*(P_v-N_1)$$

$Q_1 \leq Q_{adm}$		$3,1221 < 83,7433$	vérifié	$(0,0373)$

Effort axial [9.1]

$F_{min} =$ 609,9840 [kN] $F_{min} = \min(0.15*A*\sigma_e, 0.15*n*P_v)$

$|F_x| \leq F_{min}$ $|6,2793| < 609,9840$ vérifié $(0,0103)$

La méthode de calcul est applicable

VERIFICATION DE LA POUTRE

$F_{res} =$ 100,3289 [kN] Effort de compression $F_{res} = F_{tot} * M/M_{tot}$

Compression réduite de la semelle [9.2.2.2.2]

$N_{c\ adm} =$ 985,3931 [kN] Résistance de la section de la poutre $N_{cadm} = A_{bc}*\sigma_e + N*A_{bc}/A_b$

$F_{res} \leq N_{c\ adm}$ $100,3289 < 985,3931$ vérifié $(0,1018)$

VERIFICATION DU POTEAU

Compression de l'âme du poteau [9.2.2.2.2]

$F_{res} \leq F_{pot}$ $100,3289 < 1661,2150$ vérifié $(0,0604)$

Cisaillement de l'âme du poteau - (recommandation C.T.I.C.M)

$V_R =$ 1291,9668 [kN] Effort tranchant dans l'âme $V_R = 0.47*A_v*\sigma_e$

$|F_{res}| \leq V_R$ $|100,3289| < 1291,9668$ vérifié $(0,0777)$

REMARQUES

Raidisseur du poteau insuffisant.	$8,0000$ [mm] $< 14,1333$ [mm]
Boulon face à la semelle ou trop proche de la semelle.	$32,0000$ [mm] $< 36,0000$ [mm]
Epaisseur de l'âme de la contreplaque inférieure à l'épaisseur de l'âme de la poutre	$8,0000$ [mm] $< 12,5000$ [mm]
Epaisseur de l'aile de la contreplaque inférieure à l'épaisseur de l'aile de la poutre	$12,0000$ [mm] $< 24,0000$ [mm]

Assemblage satisfaisant vis à vis de la Norme Ratio $0,1018$

ANNEXE 15 : NOTE DE CALCUL D'ASSEMBLAGE POUTRE HEA550
AVEC SOLIVE IPE330

Calcul de l'assemblage par cornières
CM 66 - Revue construction métallique n° 2 - juin 1976 (NT 84)

OK

Ratio
0,1218

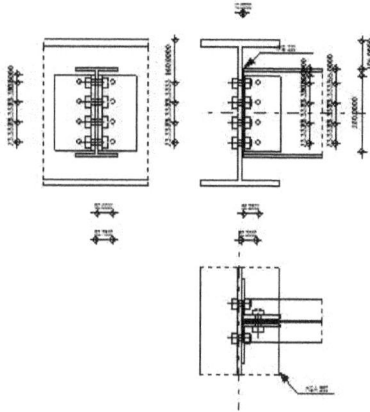

GENERAL

Assemblage N° :   3
Nom de l'assemblage : Par cornières : poutre-poutre (âme)
Noeud de la structure : 2227
Barres de la structure : 2464, 2548

GEOMETRIE

POUTRE PORTEUSE

Profilé :   HEA 550
Barre N° :   2464
x_1 =   -90,0000   [Deg] Angle d'inclinaison
h =   540,0000   [mm]   Hauteur de la section poutre principale
b =   300,0000   [mm]   Largeur de l'aile de la section de la poutre principale
t_w =   12,5000   [mm]   Epaisseur de l'âme de la section de la poutre principale
t =   24,0000   [mm]   Epaisseur de l'aile de la section de la poutre principale
r =   27,0000   [mm]   Rayon de congé de l'âme de la section de la poutre principale
A =   211,7580   [cm²] Aire de la section de la poutre principale
J =   111932,0000   [cm⁴] Moment d'inertie de la section de la poutre pricnipale
Matériau :   ACIER
f_e =   235,0000   [MPa] Résistance

POUTRE PORTEE

Profilé :   IPE 330
Barre N° :   2548
x_2 =   0,0000   [Deg] Angle d'inclinaison
h_b =   330,0000   [mm]   Hauteur de la section de la poutre
b_{fb} =   160,0000   [mm]   Largeur de la section de la poutre
t_{wb} =   7,5000   [mm]   Epaisseur de l'âme de la section de la poutre

Profilé :	IPE 330		
t_{fb} =	11,5000	[mm]	Epaisseur de l'aile de la section de la poutre
r_b =	18,0000	[mm]	Rayon de congé de la section de la poutre
A_b =	62,6062	[cm^2]	Aire de la section de la poutre
I_{yb} =	11766,9000	[cm^4]	Moment d'inertie de la poutre
Matériau :	ACIER		
σ_{eb} =	235,0000	[MPa]	Résistance

CORNIERE

Profilé :	CAE 150x15		
α_3 =	0,0000	[Deg]	Angle d'inclinaison
h_c =	150,0000	[mm]	Hauteur de la section de la cornière
b_c =	150,0000	[mm]	Largeur de la section de la cornière
t_c =	15,0000	[mm]	Epaisseur de l'aile de la section de la cornière
r_c =	16,0000	[mm]	Rayon de congé de l'âme de la section de la cornière
L_c =	280,0000	[mm]	Longueur de la cornière
Matériau :	ACIER		
σ_c =	235,0000	[MPa]	Résistance

BOULONS

BOULONS ASSEMBLANT LA CORNIERE A LA POUTRE PORTEUSE

Classe =	HR 8.8		Classe du boulon
d' =	20,0000	[mm]	Diamètre du boulon
A'_s =	2,4500	[cm^2]	Aire de la section efficace du boulon
A'_v =	3,1416	[cm^2]	Aire de la section du boulon
f'_y =	640,0000	[MPa]	Limite de plasticité
f'_u =	900,0000	[MPa]	Résistance du boulon à la traction
n' =	4,0000		Nombre de rangéss des boulons
h'_1 =	30,0000	[mm]	Niveau du premier boulon

BOULONS ASSEMBLANT LA CORNIERE A LA POUTRE PORTEE

Classe =	HR 8.8		Classe du boulon
d =	20,0000	[mm]	Diamètre du boulon
A_s =	2,4500	[cm^2]	Aire de la section efficace du boulon
A_v =	3,1416	[cm^2]	Aire de la section du boulon
f_y =	640,0000	[MPa]	Limite de plasticité
f_u =	900,0000	[MPa]	Résistance du boulon à la traction
n =	4,0000		Nombre de rangéss des boulons
h_1 =	30,0000	[mm]	Niveau du premier boulon

EFFORTS

Cas :	4: ELU (1+2)*1.3500+3*1.5000	
T =	-31,6663	[kN]	Effort tranchant

RESULTATS

BOULONS

cisaillement des boulons *(Côté de la poutre portée)*
$T \leq 1.3 * n * A_s * f_y / \sqrt{1+(a^2 * \alpha^2)/\delta^2}$ |−31,6663| < 552,8337   vérifié   (0,0573

cisaillement des boulons *(Côté de la poutre porteuse)*
$T \leq 1.3 * n' * A'_s * f_y$ |−31,6663| < 815,3600   vérifié   (0,0388

PROFILES

Pression diamétrale *(Côté de la poutre portée)*

$\tau \le 4 * n * d * t_{wb} * \sigma_{eb} / \sqrt{(1 + (a^2 * \alpha^2)/d^2)}$ $|-31,6663|$ < 382,4056   vérifié   (0,0828)

Pression diamétrale *(Côté de la poutre porteuse)*

$\tau \le 8 * n' * a' * t_{w}' * \sigma_e$ $|-31,6663|$ < 1880,0000   vérifié   (0,0168)

Pince transversale

$\tau \le 1.25 * n * t_{wb} * d_t * \sigma_{eb}$ $|-31,6663|$ < 484,6875   vérifié   (0,0653)

Effort tranchant *(Côté de la poutre portée)*

$\tau \le 0.65 * (h_a - n*d) * t_{wb} * \sigma_{eb}$ $|-31,6663|$ < 260,0569   vérifié   (0,1218)

CORNIERE

Pression diamétrale *(Côté de la poutre portée)*

$\tau \le 8 * n * d * t_c * \sigma_c / \sqrt{(1 + (a^2 * \alpha^2)/d^2)}$ $|-31,6663|$ < 1529,6223   vérifié   (0,0207)

Pression diamétrale *(Côté de la poutre porteuse)*

$\tau \le 8 * n' * d' * t_c * \sigma_c$ $|-31,6663|$ < 2256,0000   vérifié   (0,0140)

Pince transversale *(Côté de la poutre portée)*

$\tau \le 2.5 * n * t_c * d_v * \sigma_c$ $|-31,6663|$ < 1057,5000   vérifié   (0,0299)

Pince transversale *(Côté de la poutre porteuse)*

$\tau \le 2.5 * n' * t_c * d'_v * \sigma_c$ $|-31,6663|$ < 1057,5000   vérifié   (0,0299)

Effort tranchant *(Côté de la poutre portée)*

$\tau \le 0.866 * t_c *(L_c - n * d) * \sigma_c$ $|-31,6663|$ < 610,5300   vérifié   (0,0519)

Effort tranchant *(Côté de la poutre porteuse)*

$\tau \le 0.866 * t_c *(L_c - n' * d') * \sigma_c$ $|-31,6663|$ < 610,5300   vérifié   (0,0519)

Moment fléchissant *(Côté de la poutre portée)*

$\tau \le (2/a) * (l/v)_c * \sigma_c$ $|-31,6663|$ < 1165,6676   vérifié   (0,0272)

Moment fléchissant *(Côté de la poutre porteuse)*

$\tau \le t_c * L_c^2 / (3a') * \sigma_c$ $|-31,6663|$ < 1390,4906   vérifié   (0,0228)

REMARQUES

Pince boulon-bord aile équerre sur porteur trop grande.   86,2500 [mm] > 55,0000 [mm]

Pince boulon-extrémité équerre sur porteur trop faible.   30,0000 [mm] < 30,0000 [mm]

Pince boulon-extrémité équerre sur porté trop faible.   30,0000 [mm] < 30,0000 [mm]

Pince boulon-bord aile équerre sur porté trop grande.   83,7500 [mm] > 55,0000 [mm]

Longueur de la cornière est supérieure à la hauteur de l'âme de la poutre   280,0000 [mm] > 271,0000 [mm]

Pince boulon-extrémité horizontale de la cornière de l'aile supérieure de la poutre trop faible   13,5000 [mm] < 18,0000 [mm]

Pince boulon-extrémité horizontale de la cornière de l'aile inférieure de la poutre trop faible   13,5000 [mm] < 18,0000 [mm]

Assemblage satisfaisant vis à vis de la Norme   **Ratio** 0,1218

LISTE DES FIGURES

Figure 1 : vue en 3D de SALIMA HOLDING HOTEL 8

Figure 2 : Façade latérale de SALIMA HOLDING HOTEL. 9

Figure 3 : Plan de situation de SALIMA HOLDING HOTEL. 9

Figure 4 : Carte de zonage sismique du Maroc (RPS 2000) 10

Figure 5 Formes favorables : plans simples à 2 axes de symétrie 14

Figure 6 : Forme défavorable : concentration de contraintes dans les angles rentrants 14

Figure 7 : Fractionnement des bâtiments par des joints sismiques 14

Figure 8 : Régularité en élévation 15

Figure 9 : Contreventement décalé 15

Figure 10 : Rez-de-chaussée flexible (a gauche) - étage flexible (a droite) 16

Figure 11 : Distribution de l'effort horizontal du diaphragme aux contreventements verticaux 16

Figure 12 : Contreventement par portique auto-stable 17

Figure 13 : Contreventement par voiles 18

Figure 14 : Contreventement par noyau central 18

Figure 15 : Position poteau-poutre (RPS 2000) 21

Figure 16 : Autodesk Robot Structural Analysis 2012 22

Figure 17 : Modélisation de la structure avec CBS PRO 24

Figure 18 : Modélisation de la structure avec RSA 2012 25

Figure 19 : Distribution des voiles et noyaux de contreventement 28

Figure 20 : Organigramme de sélection du nombre de modes propres 31

Figure 21 : Mode 1, translation suivant X 32

Figure 22 : Mode 2, translation suivant Y 33

Figure 23 : Mode 3, Torsion 33

Figure 24 : Les déplacements inter-étages en fonction de la hauteur 35

Figure 25 : L'indice de stabilité en fonction de la hauteur 37

Figure 26 : Surface de chargement du poteau A17 aux sous sols 40

Figure 27 : Surface de chargement du poteau A17 au Mezzanine 40

Figure 28 : Surface de chargement du poteau A17 aux RDC et étages courants 41

Figure 29 : Descente de charge sur CBS PRO 42

Figure 30 : Pré-dimensionnement du poteau A17 par logiciel Robot 43

Figure 31 : Voile étudié par RSA 2012 46

Figure 32 : Plan de ferraillage du voile 46

Figure 33 : Poutre étudié par RSA 2012 47

Figure 34 : La géométrie retenue pour le calcul de la poutre 47

Figure 35 : Comparaison du moment théorique avec le moment limite à l'ELA 47

Figure 36 : Comparaison du moment théorique avec le moment limite à l'ELU 48

Figure 37 : Comparaison du moment théorique avec le moment limite à l'ELS 48

Figure 38 : Vérification de la flèche 48

Figure 39 : Vérification de la section d'acier 49

Figure 40 : Ferraillage statique de la poutre 49

Figure 41 : Ferraillage parasismique de la poutre 50

Figure 42 : Dalle étudié par RSA 2012 51

Figure 43 : Cartographie des flèches donnée par RSA 2012 51

Figure 44 : Valeurs des moments Mox et Moy donnés par RSA 2012 52

Figure 45 : Ferraillage inferieur de la dalle 52

Figure 46 : Ferraillage supérieur de la dalle 52

Figure 47 : Schéma de ferraillage de la semelle sous le poteau A17 53

Figure 48 : Constitution d'un plancher collaborant 56

Figure 49 : Quelques profilés des poutres métalliques 57

Figure 50 : Différents types des poteaux métalliques 58

Figure 51 : Pieds de poteau encastré 58

Figure 52 : Espacement entre les solives 64

Figure 53 : Les poutres #2448 et #2474 66
Figure 54 : Poteau A17 67
Figure 55 : Mode 1 - Translation suivant l'axe X 69
Figure 56 : Mode 2 - Translation suivant l'axe Y 70
Figure 57 : Mode 3 - Torsion 70
Figure 58 : Vérification des solives du dernier étage avec RSA2012 74
Figure 59 : Redimensionnement du profilé IPE240 avec RSA2012 75
Figure 60 : Vérification de redimensionnement des solives du dernier étage avec RSA2012 75
Figure 61 : Vérification des poutres avec RSA2012 76
Figure 62 : Redimensionnement du profilé HEA320 avec RSA2012 76
Figure 63 : Vérification de redimensionnement des poutres avec RSA2012 77
Figure 64 : Vérification du poteau A17 avec RSA2012 78
Figure 65 : Redimensionnement du poteau A17 avec RSA2012 78
Figure 66 : Vérification de redimensionnement des poteaux avec RSA2012 79
Figure 67 : La poutre #2589 80
Figure 68 : Diagramme du moment My a l'ELU 80
Figure 69 : Diagramme du moment My a l'ELS 81
Figure 70 : Diagramme du moment My dus au séisme suivant X 81
Figure 71 : Déplacement réel de la barre 82
Figure 72 : Vu de l'assemblage pied du poteau HEA600 83
Figure 73 : Schéma de l'assemblage du pied de poteau avec RSA2012 84
Figure 74 : Vu de l'assemblage poteau-poutre 84
Figure 75 : Schéma de l'assemblage avec RSA2012 85
Figure 76 : Vu de l'assemblage poutre-solive 85
Figure 77 : Schéma de l'assemblage poutre-solive 86

LISTE DES TABLEAUX

Tableau 1 : Résultat de l'analyse modale pour 25 modes 31
Tableau 2 : Vérification de déplacements latéraux 34
Tableau 3 : Vérification des déplacements inter-étages 34
Tableau 4 : Calcul de l'indice de stabilité au renversement 36
Tableau 5 : Valeur de ψ en fonction de la nature des charges et leur durée (RPS2000) 38
Tableau 6 : Les différentes charges permanentes appliquées à la structure 39
Tableau 7 : Les différentes charges d'exploitation appliquées à la structure 39
Tableau 8 : Valeurs des efforts normaux sur le poteau A17 par niveau 41
Tableau 9 : Récapitulation de la descente de charges pour le poteau A17 par niveau 41
Tableau 10 : Pré-dimensionnement du poteau A17 au dernier sous sol 42
Tableau 11 : Sollicitations appliquées au voile à l'état accidentelle la plus défavorable 46
Tableau 12 : Les différentes charges permanentes appliquées à la structure 59
Tableau 13 : Les différentes charges d'exploitation appliquées à la structure 60
Tableau 14 : Classifier des sections suivant l'Eurocode3 62
Tableau 2 : Valeur limites de la flèche suivant l'Eurocode3 63
Tableau 16 : Profilés choisis pour les solives du 5ème et 6 ème étage 64
Tableau 17 : Profilés choisis pour les solives du RDC, Mezzanine et étages courants 64
Tableau 18 : Profilés choisis pour les solives des sous sols 64
Tableau 19 : Classe de la semelle comprimée profilé IPE 65
Tableau 20 : Classe de l'âme fléchie profilé IPE 65
Tableau 21 : Résultats de la vérification de la résistance 65
Tableau 22 : Profilés choisis pour les poutres #2448 et #2589 66
Tableau 23 : Résultats de la vérification de la résistance 66
Tableau 24 : Recalcule de la résistance pour le profilé HEA400 66
Tableau 25 : Valeurs des efforts normaux sur le poteau A17 par niveau 67
Tableau 26 : Récapitulation de la descente de charges pour le poteau A17 par niveau 67
Tableau 27 : Profilés choisis pour le poteau #A17 68
Tableau 28 : Vérification du flambement 68
Tableau 29 : Résultat de l'analyse modale pour 27 modes 69
Tableau 30 : Vérification de déplacements latéraux 71
Tableau 31 : Vérification des déplacements inter-étages 71
Tableau 32 : Calcul de l'indice de stabilité au renversement 72
Tableau 33 : Effort extrêmes maximums dus au séisme suivant X 73
Tableau 34 : Effort extrêmes maximums dus au séisme suivant Y 73
Tableau 35 : Effort extrêmes maximums dus au vent suivant X 73
Tableau 36 : Effort extrêmes maximums dus au vent suivant Y 73

www.ingramcontent.com/pod-product-compliance
Lightning Source LLC
Chambersburg PA
CBHW021104210326
41598CB00016B/1327